U0315593

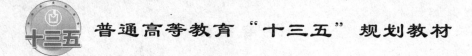

普通高等教育"十三五"规划教材

钢铁冶金实习教程

主　编　高艳宏

副主编　王宏丹　张倩影

　　　　高绪东　王青峡

主　审　杨治立

北　京

冶金工业出版社

2015

内 容 提 要

本书结合高等院校冶金工程专业的实习要求及当前钢铁冶炼技术的现状，按照实习顺序，介绍了钢铁联合企业各工序的主要特点、工艺和设备等。书中设有实习知识点、实习重点及极具代表性的生产实例，使内容有的放矢，学生可以较快提升实践水平。

全书共分 10 章，主要内容包括实习指导、钢铁生产概述、烧结厂实习、球团厂实习、高炉炼铁实习、转炉炼钢实习、电弧炉炼钢实习、炉外精炼实习、连续铸钢实习、轧钢厂实习等。

本书可作为高等院校冶金工程专业及相关专业的教材，也可供冶金工程专业技术人员参考。

图书在版编目（CIP）数据

钢铁冶金实习教程/高艳宏主编 . —北京：冶金工业出版社，2015.10

普通高等教育"十三五"规划教材

ISBN 978-7-5024-7074-6

Ⅰ.①钢… Ⅱ.①高… Ⅲ.①钢铁冶金—高等学校—教材

Ⅳ.①TF4

中国版本图书馆 CIP 数据核字（2015）第 242055 号

出 版 人　谭学余
地　　址　北京市东城区嵩祝院北巷 39 号　邮编 100009　电话　（010）64027926
网　　址　www.cnmip.com.cn　电子信箱　yjcbs@cnmip.com.cn
责任编辑　赵亚敏　王　优　美术编辑　吕欣童　版式设计　孙跃红
责任校对　郑　娟　责任印制　牛晓波
ISBN 978-7-5024-7074-6
冶金工业出版社出版发行；各地新华书店经销；三河市双峰印刷装订有限公司印刷
2015 年 10 月第 1 版，2015 年 10 月第 1 次印刷
787mm×1092mm　1/16；9.5 印张；224 千字；138 页
25.00 元

冶金工业出版社　投稿电话　（010）64027932　投稿信箱　tougao@cnmip.com.cn
冶金工业出版社营销中心　电话　（010）64044283　传真　（010）64027893
冶金书店　地址　北京市东四西大街 46 号（100010）　电话　（010）65289081（兼传真）
冶金工业出版社天猫旗舰店　yjgycbs.tmall.com

前　言

冶金工业是国民经济的基础和支柱产业之一。随着社会经济的快速发展，冶金工业技术发展强劲，市场对冶金工程专业人才的需求，尤其是应用型技术人才呈现旺盛状态。根据教育部高等学校冶金工程专业教学大纲的要求编写了此书，配合学生生产实习或认识实习使用。

本书打破以往冶金实习教材按照工艺流程、设备等撰写的模式，以实习的顺序为主线，对钢铁联合企业各工序的特点、工艺等进行了阐述和总结，力求反映当前国内外钢铁冶金新技术及工艺，并在章前设置实习知识点和实习重点，章尾设置具有代表性的生产实例和复习思考题，充分体现了实用性和实践性，有利于学生有的放矢，提高实习效果，全面培养学生的实践能力。

本书由重庆科技学院高艳宏担任主编，重庆科技学院王宏丹、张倩影、高绪东、王青峡担任副主编。全书共10章，其中，第1、2章由高艳宏编写，第3、4章由高绪东编写，第5章由高艳宏和重庆赛迪冶炼装备系统集成工程技术研究中心有限公司鹿存房编写，第6、9章由王宏丹和重庆科技学院任兵芝编写，第7、8章由张倩影编写，第10章由王青峡编写。本书由重庆科技学院杨治立教授担任主审，杨治立教授在百忙之中审阅了全书，提出了很多宝贵意见，在此谨致谢意。

本书可以作为高等院校冶金工程专业、冶金技术专业认识实习或生产实习教材，也可作为从事钢铁冶金工作的技术人员参考，或供相关人员的技术培训使用。

本书编写过程中得到了重庆科技学院冶金学院领导和吕俊杰教授的大力支持，以及山东寿光巨能特钢有限公司王文栋和重庆科技学院胡林的无私帮助，在此表示诚挚的谢意。同时感谢编写中参阅的文献资料的作者。

由于时间紧迫、编者水平有限，书中不足之处，敬请读者批评指正。

编　者

2015 年 6 月

目　　录

1 实 习 指 导

1.1　实习安全须知

实习是冶金类院校冶金工程专业人才培养中十分重要的教学环节，是构成学生完整知识能力结构、培养学生理论联系实际能力的重要组成部分。为确保学生安全、顺利、圆满完成实习任务，必须做到以下安全事项：

(1) 树立"安全第一"的观念，健全安全组织，确保实习安全。

(2) 加强自我保护意识，必须按照生产要求穿戴工作服、安全帽和劳保鞋，女生不准披散长发。

(3) 实习期间不得随意触碰机器设备、零件，未经允许，不得随意启动现场设备开关、阀门，不准跨越皮带、横穿铁路线。

(4) 现场实习必须多人同行，高炉等危险区域必须有现场师傅陪同才能前去，煤气区域禁止停留，发现有不安全苗头，及时撤离并报告。

(5) 场内行走时，注意头上（吊车、重物掉落）、脚下（渣沟、铁沟），不能正对渣口、铁口；通过铁路道口时，做到一停、二看、三通过。

(6) 严禁在住宿房间私拉、私接电线；严禁使用电炉、煤气灶、电茶壶、热得快等用具；离开房间要及时关门上锁。

(7) 自觉遵守交通规则，注意上、下班的交通安全。如出现事故、患急病等不能坚持实习等情况，应在第一时间报告。

1.2　实习的目的和要求

1.2.1　认识实习

目的：通过实习，使学生了解和熟悉钢铁冶金过程主要流程的工艺特点、技术参数及主要设备的作用，初步建立起钢铁冶金主要生产流程的概念和印象，为学好专业课和专业限定性选修课打下基础。

基本要求：了解钢铁生产的基本工艺流程，了解烧结、球团、炼铁、炼钢和轧钢的生产工艺过程，初步认识相关的生产设备；了解冶金技术发展的动向。

1.2.2　生产实习

目的：通过实习，加强对学生工程意识和工程习惯的培养，促进理论和实践的结合，巩固和加深课堂上所学的理论知识，提高分析问题和解决问题的能力；同时，通过实习，培养学生的组织纪律观念，养成良好的劳动习惯。

基本要求：巩固所学知识，联系实际，积极实践，熟悉和掌握烧结、球团、高炉炼铁、转炉和电炉炼钢、连续铸钢和炉外精炼过程的工艺特点、操作技术及主要设备的性能及作用，培养分析问题和解决问题、知识创新的能力。能够综合运用所学专业理论知识，分析冶金过程中出现的各种问题，并能初步提出相应的解决方法；加强对冶金工程大生产的管理技术和有关知识的学习和了解。

1.3　实习的规章制度

（1）严格遵守国家政策法令和实习所在单位的各项规章制度和纪律，实习期间不得妨碍工厂的正常生产。

（2）严格遵守学校的规章制度和实习纪律要求，服从带队教师或指导教师的指挥和安排，按实习大纲和实习计划的要求和规定认真完成实习任务。

（3）服从现场实习负责人和带队教师的指挥，文明礼貌、团结互助、爱护现场财物及资料，认真贯彻现场安全生产制度。

（4）不得无故不参加实习，不串岗、不迟到、不早退，有事必须事前请假，未经带队教师同意不得擅自离队。

（5）实习期间不得擅自去他处游玩，不准以探亲或办事为由延误实习时间，违反者以旷课论，严重者取消实习资格。

（6）实习期间要遵纪守法，遵守社会公德，不得打架闹事、聚众斗殴，严禁到江河湖海等危险的地方游泳。带队教师和现场负责人对违反实习纪律或不听指挥的学生，有权进行批评教育或终止其实习资格，对严重违反规定的，将报请学校给予必要的纪律处分。

（7）尊重工人、技术人员和管理人员的劳动，虚心向他们学习，主动协助实习单位做一些力所能及的工作。

（8）参观、听报告时认真做笔记，不得迟到、早退、大声喧哗。

（9）实习结束后按规定时间返校，参加实习考核，上交实习报告和日记，作为确定实习成绩的依据。

1.4　实习日记、实习报告的内容和要求

实习期间，学生需使用专门的实习日记本记录实习情况，实习结束后，根据实习情况撰写实习报告。

1.4.1　实习日记的内容和要求

作为考核成绩的重要依据，学生在实习期间每天将自己的实习内容和收获等记录在实习日记中，对于不懂之处及时通过咨询现场技术人员和指导教师进行解决，同时为撰写实习报告及后续课程积累原始资料。实习日记记录内容要求如下：

（1）记录每天的工作内容及完成情况。

（2）认真记录发现的问题，提出合理化建议。

（3）遇有参观、工作例会、听课或报告，则应详细记录这部分内容。

（4）除记录工作内容和业务收获外，还应记录思想方面的收获，实习日记每天不宜少于300字。

1.4.2 实习报告的内容和要求

实习报告是学生根据实习情况对实习内容和过程的总结，并对实习中遇到的问题进行阐述分析、提出相应的解决办法，同时叙述实习的心得体会。它不仅反映了学生实习的深度和质量，同时也反映了学生分析和归纳问题的能力，是评定实习成绩的重要依据。内容要求如下：

（1）内容方面的要求：

1）标题。标题可以采取规范化的标题格式，基本格式为"关于×××的实习报告"。

2）正文。正文一般分前言、主体、结尾三部分。

①前言：主要描述本次实习的目的、意义、大纲的要求及实习任务等情况。

②主体：实习报告最主要的部分，详述实习的基本情况，包括项目、内容、安排、实习经历的环节、接受的实践锻炼，以及从中得出的具体认识、观点和基本结论等。

③结尾：可写出自己的收获、感受、体会和建议，也可就发现的问题提出解决问题的方法、对策；或总结全文的主要观点，进一步深化主题；或提出问题，引发人们的进一步思考；或展望前景，发出鼓舞和号召等。

（2）其他方面的要求：

1）文字要求：逻辑清晰，语言流畅，无错别字。

2）字数要求：每周不得少于800字，三周及以上的不得少于2000字。

3）纸张要求：用A4纸打印或书写（钢笔或签字笔工整书写），并用学校规定的"实习报告标准封面"装订。

4）书写要求：正文使用小四号宋体、行距1.5倍。其余排版要求以美观整洁为准。

1.5 实习成绩的考核方法

（1）实习应进行严格的考核并评定成绩。评定成绩的主要依据是实习报告和实习日记的质量、实习考试成绩、实习期间的工作表现、出勤情况、完成任务情况。

（2）学生不得申请实习免修。因病不能参加实习者必须提出缓修申请，并附医院证明，经学院主管负责人批准，教务处备案方可；一般不得因事缓修。缓修随下一年级进行，成绩按正考记载。缓修不及格只能随下一年级重修。

（3）凡具备下列条件之一者，均以不及格计，或取消考核资格，只能随下一年级重修。

1）实习期间无故缺勤超过实习时间的三分之一及其以上者。

2）未按时完成实习成果者。

3）抄袭实习成果者。

4）未经许可获取或泄露有关机密者。

5）学习期间严重违反实习纪律，造成严重安全责任事故或恶劣影响者。

6）发生其他严重事故或造成恶劣影响的情况。

2 钢铁生产概述

钢铁是国家生存和发展的物质保障，是国民经济的中流砥柱，没有任何其他材料在可预见的将来能代替钢铁现有的地位。钢铁工业是国民经济的重要基础产业，是国家经济水平和综合国力的重要标志，它的发展与国家的基础建设和工业发展速度紧密相关。我国钢铁工业的发展不仅推动了国民经济的快速发展，也有力地促进了世界经济的繁荣和世界钢铁工业的发展。

2.1 钢铁生产的工艺特点

现代钢铁联合企业的主要生产流程可分为两类：长流程和短流程。

2.1.1 长流程

长流程目前应用最广，是以矿石和煤为原燃料，通过烧结（或球团）、焦化处理，采用高炉生产铁水，经铁水预处理后，由转炉炼钢、炉外精炼至合格成分钢水，由连铸浇注成不同形状的铸坯，再轧制成各类成品的流程。全球大约 70% 的钢铁企业采取这种流程进行生产。流程如图 2-1 所示。

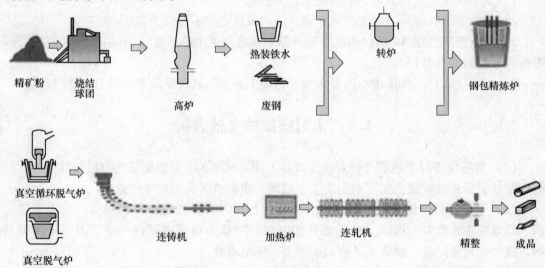

图 2-1 钢铁生产长流程图

2.1.2 短流程

短流程废除了传统钢铁生产工艺中的烧结（球团）、焦化和高炉炼铁工序，以废钢或直接还原铁为主要原料进行炼钢，降低了生产成本，提高了劳动生产率，是钢铁生产工艺流程发展的新潮流。全球电炉钢产量已占粗钢产量的 1/3，但我国由于粗钢产量的连年猛增，造成电炉钢比例不增反减，成为世界上少数几个电炉钢比例下降的国家之一。专家认为，未来典型的钢铁生产工艺短流程将是：无焦炼铁—超高功率电炉/复吹转炉—薄板坯连铸连轧—冷连轧。

短流程根据原料可分为两类：一类是铁矿石经直接、熔融还原后，采用电炉或转炉炼钢，其主要特点在于铁矿石原料不经过烧结、球团处理，煤不必经过焦化处理，没有高炉炼铁生产环节，该流程目前应用较少，大约占10%以下；另一类是以废钢作为原料，由电炉熔化冶炼后，进入下一步工序，也没有高炉炼铁生产环节，该工艺流程约占20%，为了提高生产效率，目前国内外许多钢铁厂在电炉冶炼中也采取兑加铁水的工艺。钢铁生产短流程如图2-2所示。

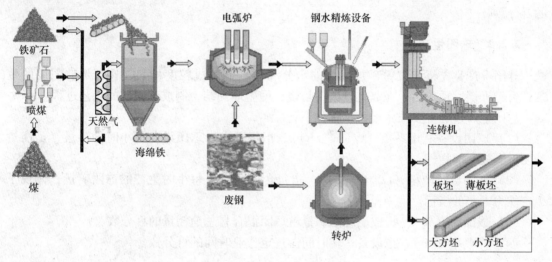

图2-2 钢铁生产短流程图

2.1.3 两种工艺流程比较

长流程生产效率高、能量消耗少、生产规模大，铁水的纯净度和质量稳定性均优于废钢，采用铁水预处理工艺，可进一步提高铁水纯净度——$w[S] \leqslant 0.005\%$，$w[P] \leqslant 0.01\%$；配置RH精炼可获得极高的生产速率和优异的纯净度，因此，适用于低碳/超低碳、低残余元素的钢种，尤其是批量很大、合金含量较低的钢种。但是长流程具有庞大的铁、焦、烧系统，存在投资巨大、污染严重、焦煤资源短缺等问题。

短流程投资成本低、冶炼温度高、易精确控制温度和成分、热效率高、能控制炉内气氛，不需要庞大的铁焦系统，可间断性生产，适于冶炼中、高碳钢。但是该流程具有生产规模小，炉内温度分布不均，电弧电离空气、水蒸气产生的H_2和N_2可能会影响钢水质量，生产成本高等问题。

2.2 钢铁生产主要工序及技术经济指标

2.2.1 烧结

烧结是将粉状含铁物料（铁精矿粉、富矿粉、粉尘、轧钢皮等），配入适量的燃料

（焦粉和无烟煤）和熔剂（石灰石、白云石、生石灰、石英石、蛇纹石等），加入适量的水，经混合和造球后，在烧结设备上使物料发生一系列物理化学变化，烧结成块，制成烧结矿的工艺过程。

烧结主要技术经济指标如下：

（1）利用系数（t/(m²·h)），指每小时每台烧结机每平方米有效抽风面积的成品烧结矿量。

（2）台时产量（t/(台·h)），指每台烧结机每小时的成品烧结矿量。

（3）成品率（%），指成品烧结矿量占烧结混合料总消耗的百分数。

（4）返矿率（%），指烧结矿经破碎筛粉所得到的筛下返矿量占烧结混合料总消耗量的百分数。

2.2.2　球团生产

球团生产是先将细粒粉矿加适量的水分和黏结剂制成粒度均匀、具有足够强度的生球，再经干燥、预热后，在氧化气氛中焙烧，使生球固结，制成球团矿的工艺过程。

球团生产过程主要技术经济指标如下：

（1）球团设备利用系数（t/(m²·h)），指每平方米球团设备每小时的产量，是衡量球团生产效率的指标。

（2）球团台时产量（t/(台·h)），指每台球团设备每小时生产的球团矿量，体现了生产能力大小的指标。

（3）成品率（%），指成品球团矿量占球团混合料总消耗量的百分数。

（4）作业率（%），指设备运转时间占规定作业时间的百分数。

2.2.3　焦化

焦化是将各种结焦性能不同的煤按一定比例混合，在隔绝空气的条件下，加热到950℃左右，经高温干馏生产焦炭，同时获得煤气、煤焦油并回收其他化工产品的一种煤转化工艺。现代焦炭生产过程分为洗煤、配煤、炼焦和产品处理等工序。

焦化过程主要技术经济指标如下：

（1）焦炉炭化室有效容积利用系数（亦称焦炉日历利用系数，t/(m³·d)），是指焦炉在日历工作时间内每立方米炭化室有效容积平均每天所生产的全焦合格产量，是综合反映焦炉生产技术、管理水平高低的重要指标。

（2）全焦率（成焦率,%），是指入炉煤干馏后所获得的焦炭数量占入炉煤量的百分比。

（3）工序单位能耗（标煤）(kg/t)，是指生产1t焦炭（干基）所净耗的各种燃料及动力折合为标准煤的数量。

（4）冶金焦合格率（%），是指检验合格的冶金焦占冶金焦检验总量的百分比。

2.2.4　高炉炼铁

高炉炼铁是钢铁生产长流程中的重要环节，生产时从炉顶装入铁矿石（烧结矿、球团矿、生矿等）、焦炭等，从风口鼓入热风，喷入辅助燃料。高温下燃料燃烧生成煤气，在上升过程中还原铁氧化物得到铁。炼出的铁水从铁口放出，形成的炉渣从渣口排出，产生的煤气从炉顶导出。

高炉炼铁过程主要技术经济指标如下：

（1）高炉有效容积利用系数（$t/(m^3 \cdot d)$），是指每立方米高炉有效容积的日产铁量。

（2）焦比、煤比和燃料比（kg/t），分别是指冶炼每吨生铁消耗的干焦量、煤粉量和燃料量。

（3）冶炼强度（$t/(m^3 \cdot d)$），是指每立方米高炉有效容积每天消耗的干焦量。

（4）休风率（%），是指休风时间占规定作业时间（日历时间扣除计划检修时间）的百分数。

（5）炉龄，是指高炉从点火开炉到停炉大修之间的时间（年），或用一代炉龄内每立方米高炉有效容积的产铁量来表示。

2.2.5 炼钢

炼钢是对铁水、废钢进行重新冶炼以调整其成分，使之成为性能优良的钢的过程。主要有转炉法和电炉法。

转炉炼钢是以铁水、废钢、铁合金等为主要原料，不借助外加能源，靠铁液自身的物理热和铁液组分间化学反应产生热量而在转炉内完成炼钢过程。

电炉炼钢是以废钢为主要原料，以三相交流电做电源，利用电流通过石墨电极与金属料之间产生电弧的高温，来加热、熔化炉料。

炼钢过程主要技术经济指标如下：

（1）利用系数，转炉利用系数（$t/(t \cdot d)$）是指每公称吨位的容量每昼夜所生产的合格钢产量，电炉利用系数（$t/(MV \cdot A \cdot d)$）是指每百万伏安变压器容量24h内所生产的合格钢产量。

（2）作业率（%），是指炼钢设备作业时间与日历时间的百分比。

（3）转炉炉龄（炉），是指自转炉炉衬投入使用起至更换炉衬止，一个炉役期内的炼钢炉数。

（4）电力消耗（$kW \cdot h/t$），是指生产每吨合格钢产量所消耗的电度数。

2.2.6 炉外精炼

钢液的炉外精炼是把一般炼钢炉中要完成的精炼任务，如脱硫、脱氧、除气、去除非金属夹杂物、调整钢的成分和钢液温度等，转移到炉外的"钢包"或者专用的容器中进行的工艺过程。

炉外精炼过程主要技术经济指标如下：

（1）炉外精炼比（%），经过炉外精炼工艺生产的合格钢产量占钢总产量的比例。

（2）精炼炉作业率（%），精炼炉作业时间占日历时间的百分比。

2.2.7 铸钢

铸钢作业是衔接炼钢和轧钢之间的一项特殊作业，对产品质量和成本有重大影响。铸钢的任务是将成分和温度合格的钢液铸成适合于轧钢和锻压加工所需要的一定形状的钢块

（连铸坯或钢锭）。钢水凝固成型有钢锭模浇注（简称模铸）和连续铸钢（简称连铸）两种方法。连铸的一系列优越性使其逐渐取代了模铸，成为主要的铸钢生产方法。目前世界主要产钢大国如中国、日本、欧美等的连铸坯产量已超过铸钢总产量的90%。

连铸过程主要技术经济指标如下：

（1）连铸比（%），是指连铸合格坯产量占钢总产量的百分比。

（2）拉坯速度（简称拉速，m/min），是指连铸机每一流每分钟拉出铸坯长度。

（3）连浇炉次，是指上一次引锭杆可连续浇注钢水的炉数。

2.2.8　轧制

轧制是在旋转的轧辊间改变从炼钢厂出来的钢坯形状的压力加工过程。

轧制过程主要技术经济指标如下：

（1）成材率（%），是指成品材的重量（部分棒材按理论计）与所用钢坯重量的百分比。

（2）合格率（%），是指生产出来的产品中合格的数量占总产品数量的百分比。

（3）轧机利用系数，理论上的轧制节奏与轧机实际达到的轧制节奏的比值。

（4）轧机小时产量，是指单项产品的小时产量，也称为单品种小时产量，受轧机节奏、原料重量、成材率和轧机利用系数等因素影响。

2.2.9　非高炉炼铁

非高炉炼铁是不以高炉为主体设备炼铁的方法，包括直接还原法和熔融还原法等。直接还原法是指以气体、液体或者煤为燃料与还原剂，在铁矿石低于熔点温度时进行还原得到金属铁的炼铁工艺，主要有 Midrex 法、HYL Ⅲ法、FIOR 法、FASMET 法等。其产品称为直接还原铁（DRI），也称海绵铁。熔融还原法是指少量使用或不用焦炭，在高温熔融状态下还原块状含铁原料或直接用矿粉，用氧气代替空气鼓入炉内，炼出与高炉铁水成分相近的液态生铁的炼铁方法，主要有 COREX 法等。

非高炉炼铁过程主要技术经济指标如下：

（1）有效容积利用系数（$t/(m^3 \cdot d)$），是指每立方米有效反应器容积每昼夜的产品产量。

（2）直接还原铁金属化率（%），是指直接还原铁中金属铁量与全铁量之比，它表示矿石中氧化铁被还原到金属铁的程度。

（3）作业率（%），是指直接还原或熔融还原设备的实际作业时间占日历时间的百分比，它反映了设备的生产利用程度。

（4）单位氧气消耗（m^3/t），是评价熔融还原法氧气消耗水平的指标，它是指每炼 1t 合格熔融还原铁所消耗氧气的总量。

复习思考题

2-1　现代钢铁联合企业的主要生产流程有哪几类？

2-2　长流程和短流程的优、缺点是什么？

2-3　各工序的主要技术经济指标都有什么？

3　烧结厂实习

烧结法是粉矿造块的重要方法之一，是将粉状物料（如粉矿和精矿等）进行高温加热，通过熔化物固结成具有良好冶金性能的人造块矿的过程，所得产品为不规则多孔状的烧结矿。主要设备有带式烧结机、环式烧结机、烧结盘、烧结锅和回转窑等，其中，连续带式抽风烧结机由于单机产量高、产品质量好被广泛采用。

烧结矿按碱度（R）不同可分为酸性烧结矿（$R < 1.0$）、自熔性烧结矿（$R = 1.0 \sim 1.5$）、高碱度烧结矿（$R > 1.5$）三类。高碱度烧结矿具有还原性好、强度高、使用后高炉冶炼成本低等优点，得到了较广泛的应用。

通常，烧结矿的生产工艺流程包括原料的准备、配料、混合、烧结、冷却、整粒等环节。

3.1　实习内容

3.1.1　实习知识点

（1）原料供应与处理系统。烧结原料的种类及特点、对各种原料的要求、原料的接受及储存方法；燃料和熔剂破碎的方法和主要设备。

（2）配料系统。我国对烧结配料的要求，配料的方法。

（3）混合系统。混合的目的、方法，相应的设备及影响混匀和制粒的因素。

（4）烧结系统。烧结系统中布料的要求，影响点火的因素、点火装置的类型；抽风烧结的概念，带式烧结机的结构及原理、烧结参数控制，烧结终点位置的判断和控制。

（5）烧结矿处理系统。烧结矿的破碎、筛分、冷却、整粒等处理过程及相应设备。

3.1.2　实习重点

（1）掌握烧结生产工艺流程及主要设备情况。

（2）掌握烧结原料的种类、特点及要求。

（3）掌握烧结过程参数控制方法与原理。

（4）掌握烧结生产重要技术经济指标。

3.2　烧结原料的准备

烧结生产主要使用含铁料（铁粉矿或铁精矿、含铁工业副产品）、燃料（无烟煤和焦粉）和熔剂（石灰石、白云石、硅石等）。我国铁精矿、熔剂和固体燃料的入厂条件分别见表3-1～表3-3。磁铁矿、赤铁矿的粒度应不超过10mm（大于10mm的量不超过10%），褐铁矿粒度应不超过10mm。精矿粉粒度不宜太细，一般小于200目的量应低于80%。固体燃料粒度通常要求低于25mm。

表3-1　我国铁精矿入厂条件　　　　　　　　　　　　　（%）

化学成分	磁铁矿为主的精矿				赤铁矿为主的精矿			
TFe	≥67	≥65	≥63	≥60	≥65	≥62	≥59	≥55
	波动范围 ±0.5				波动范围 ±0.5			
SiO₂ I 类	≤3	≤4	≤5	≤7	≤12	≤12	≤12	≤12
SiO₂ II 类	≤6	≤8	≤10	≤13	≤8	≤10	≤13	≤15
S	I 级≤0.10～0.19；II 级≤0.20～0.40				I 级≤0.10～0.19；II 级≤0.20～0.40			
P	I 级≤0.05～0.09；II 级≤0.10～0.20				I 级≤0.08～0.19；II 级≤0.20～0.40			
Cu	≤0.10～0.20				≤0.10～0.20			
Pb	≤0.10				≤0.10			
Zn	≤0.10～0.20				≤0.10～0.20			
Sn	≤0.08				≤0.08			
As	≤0.04～0.07				≤0.04～0.07			
K₂O + Na₂O	≤0.25				≤0.25			
H₂O	I 级≤10.00；II 级≤11.00				I 级≤11.00；II 级≤12.00			

表3-2　我国熔剂入厂条件

名称	化学成分	粒度/mm	水分/%	备注
石灰石	$w(CaO) \geq 52\%$，$w(SiO_2) \leq 3\%$，$w(MgO) \leq 3\%$	80～0，40～0	<3	—
白云石	$w(MgO) \geq 19\%$，$w(SiO_2) \leq 4\%$	80～0，40～0	<4	—
生石灰	$w(CaO) \geq 85\%$，$w(SiO_2) \leq 3.5\%$，$w(MgO) \leq 5\%$，$w(P) \leq 0.05\%$，$w(S) \leq 0.15\%$	≤4	—	生烧率 + 过烧率≤12%，活性度① ≥210mL
消石灰	$w(CaO) > 60\%$，$w(SiO_2) < 3\%$	3～0	<15	

①指在（40±1）℃水中，50g 石灰 10min 耗 4NHCl 的量。

表3-3　我国部分烧结厂固体燃料入厂条件

名称	序号	固定碳/%	挥发分/%	S/%	灰分/%	水分/%	粒度/mm
无烟煤	1	≥75	≤10	≤0.05	≤15	<6	0～13
	2	≥75	≤10	≤0.05	≤13	≤10	≤25 为≥95%
焦粉	1	≥80	≤2.5	≤0.60	≤14	≤15	0～25
	2	≥80	≤0.8		≤14（波动 +4）	≤18	<3 的量≥80%

3.2.1 原料的接受、贮存与中和混匀

根据原料来源及生产规模的不同，原料的接受方式可分为火车、船舶和汽车运输。原料的接受设备主要包括翻车机、卸料机等卸车设备。接受进厂的原料在原料场或原料仓库存储一段时间来缓冲来料和用料不均衡的矛盾。储存料的时间因厂而异，一般情况下，需要备 1~3 个月的用料，以便保证生产的连续正常运行。

为确保烧结料物理化学性质的稳定性，需对来料在原料场和仓库进行中和。通常是将不同品种或同品种不同质量的原料，按一定比例进行混合，使化学成分和物理性质趋于均一。中和混匀流程如图 3-1 所示。

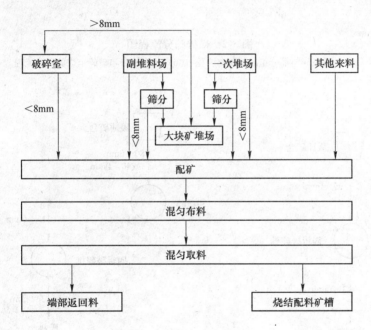

图 3-1　混匀工艺流程图

为提高混匀效率，采取分小条多层堆料方式和分块堆料法，加强一次料场的管理，进行预配料并稳定预配料比例，减少端料量并将端料返回重铺，保证铺料层数达 600 层以上，用滚筒式取料机或双斗轮取料机截取。对原料和混匀料进行机械化取样化验。

3.2.2　破碎筛分

通常烧结用熔剂配料之前需要破碎，使其小于 3mm 的含量达到 90% 以上。破碎筛分工艺流程分为开路破碎、闭路预先筛分和闭路检查筛分三种，在我国普遍采用第三种，如图 3-2 所示。相比较反击式破碎机，锤式破碎机破碎熔剂具有产量高、破碎比大、易维护等优点。

烧结燃料的破碎工艺以前采用一段四辊破碎机开路破碎流程，近年来多采用比较合理的两段破碎流程，即在四辊前用对辊破碎机进行预破碎，提高四辊破碎机的能力，如图 3-3 所示。要求破碎后 90% 以上的燃料粒度小于 3mm。

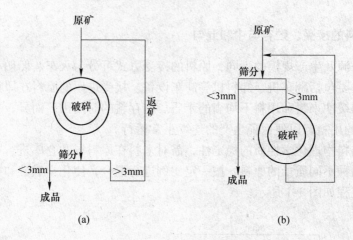

图 3-2   破碎筛分流程图

（a）一段破碎与筛分组成的闭路流程；（b）预先筛分与破碎组成的闭路流程

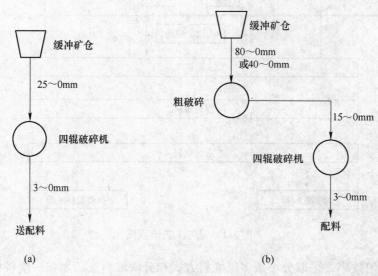

图 3-3   燃料的破碎、筛分流程

（a）一段破碎；（b）两段破碎

3.3 配　　料

　　配料系统将各种原料（矿粉、燃料、熔剂）按一定比例进行配合，以生产出化学成分和物理性能稳定、能满足高炉冶炼需要的烧结矿。配料的效果直接决定着烧结矿的质量。

　　配料的方法有容积法、重量法和化学成分法。配料的精确度很大程度上取决于所采用的配料方法。烧结工艺要求配料作业根据供料情况合理利用资源，各种原燃料搭配合理，达到高炉对烧结矿成分、性能及考核指标的要求。配料控制画面如图 3-4 所示。

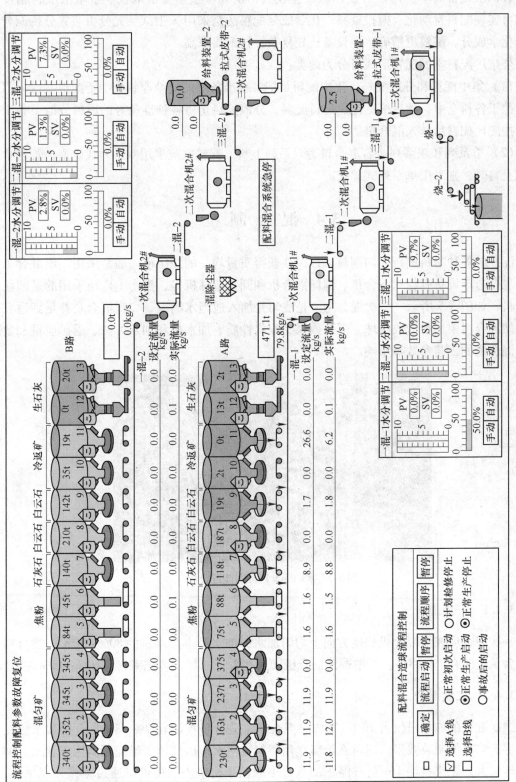

图 3-4　烧结配料控制图

容积法设备简单、操作方便，但误差较大，正逐步被重量法取代。重量法配料精度高，可实现配料自动化，但投资高。化学成分配料法是采用 X 射线荧光分析装置分析配合料的化学成分，配料更精确，但设备比较复杂，技术要求高。

烧结厂配料室的配置形式可分为两类：

（1）集中配料和分散配料。集中配料是把各种准备好的烧结原料集中于配料室，分门别类贮于各料仓中，然后根据配比进行配料；分散配料是将各种准备好的原料分散于各工序，按配比配料后送入混合机。

（2）单系列和双系列。若混合料为双系列上料，配料室应采用双系列式矿槽，若为单系列上料时，则采用单系列式矿槽。

3.4 混 合 制 粒

配好的各种粉料进行混匀制粒，以保证获得质量均一的烧结矿。通常采用二段混合工艺，混合造球设备有轮式混合机、圆筒混合机和圆盘造球机等，生产上广泛采用的是圆筒混合机，如图 3-5 所示。一次混合主要是混匀并加入适当水润湿，二次混合是补足到适宜水分使混合料中细粉造成小球。混合效果受原料性质、加水量和加水方法、返矿质量和数量、混合机的工艺参数等影响。

图 3-5 ϕ3.2m×14m 圆筒混合机

3.4.1 一次混合

一次混合应在沿混合机长度方向上均匀加水，加水量占总水量的 80%～90%，混合料水分含量控制在 7%～8%。一般圆筒混合机倾角在 2.5°～4°，填充率宜为 10%～16% 左右。

3.4.2 二次混合

二次混合的加水量仅占 10%～20%，混合料水分含量控制在 7%～8%。分段加水法能有效提高二混的制粒效果，通常在给料端用喷射流使水形成球核，继而用高压雾状水，加速小球长大，距排料端 1m 左右停止加水，小球粒紧密坚固。还可以通过蒸汽补充预热，提高混合料温度。一般圆筒混合机倾角应不大于 2.5°，填充率宜为 9%～15%。

3.4.3 混合料水分控制

烧结工艺的水分控制是个复杂的过程,关键是水分测量,一般选择在混合机的出口处。测量方法有人工检查和自动测水装置检测。

人工检查可采用两种方式进行,一是烘干法:取 500g 混合料,放入烘箱内加热到 110℃烘干,称重,失重量即为水分含量。二是观察法:肉眼观察混合料的外部特征,凭经验判断水分含量。水分合适的特征为:手握料感到柔和,有少数粉料粘在手上;手紧握后松开,料能保持团状,轻轻抖动又能散开;有粒度为 1 ~ 3mm 的小球;料面无特殊光泽。水分不足时,手握不能成球,无小球。水分过多时,料有光泽,手握成团后,抖动不易散开,有料粘在手上。

自动测水装置主要有中子测水仪、红外线测水仪。红外线测水仪没有核辐射,检测速度快,中子测水仪设备寿命长,测试结果不受物料颜色、导电性和粒度等因素的影响。测水仪的选择要结合企业原料成分、粒度和水分的稳定性综合考虑决定。

3.5 布料与点火

3.5.1 布料

烧结混合料布在铺底料上面,沿台车宽度方向保证粒度、化学组成等均匀分布,料面平整,并具有良好均一的透气性。沿高度方向自上而下粒度逐渐变大、碳的分布逐渐减少,有利于改善料层的透气性、提高烧结矿的质量。

目前我国采用的布料方式有三种:圆辊给料机 + 反射板布料,梭式布料器与圆辊给料机 + 多辊布料器联合布料和宽皮带给料机 + 多辊布料器布料。第一种设备简单,但易粘料造成偏析,采用多辊布料器代替反射板后,粘料问题得到改善;第二种运动的梭式布料器使矿槽料面平、偏析小,圆辊 + 多辊使台车宽度方向布料均匀、料面平整;第三种存在料面平整、料流稳定、小球破坏少及占用标高小等优点。三种布料方式示意图如图 3-6 所示,辊式布料器如图 3-7 所示,宽皮带给料机如图 3-8 所示。

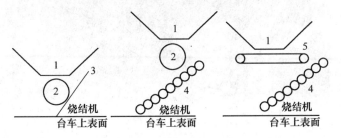

图 3-6 三种布料方式示意图
1—混合料仓;2—圆辊布料器;3—反射板;
4—多辊布料器;5—宽皮带给料机

3.5.2 点火

点火的目的在于将混合料中的煤粉或焦粉点燃,向料层提供热量,借抽风的作用继续燃烧。为了改善表层烧结矿的强度，提高其还原性能，可在点火段后增设保温段。点火燃料多为焦炉煤气、高炉煤气或几种煤气混合而成的气体等。点火温度和时间视原料的性质而定。

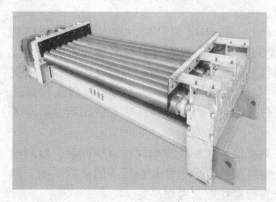

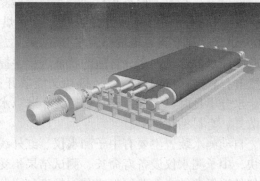

图 3-7　辊式布料器　　　　　　　　　　　　　图 3-8　宽皮带给料机

点火炉（见图 3-9）是用耐火砖砌筑或耐热混凝土捣制而成的燃烧室，外部衬有保温的隔热层，架在冷却装置或耐热混凝土的梁上，一般由点火段和保温段组成，烧嘴安装在顶部或侧部，目前新型点火炉配合使用的烧嘴有线式烧嘴、面式烧嘴和多缝式烧嘴及双斜式烧嘴等。宜采用新型节能点火保温炉。混合料点火温度宜为 1000~1200℃，特殊原料应根据试验确定，点火时间宜为 1~1.5min。

图 3-9　点火炉

在实际生产中根据点火炉的火焰颜色或料面颜色和仪表指示的温度进行点火温度的调节（控制画面如图 3-10 所示），当燃料和空气的比例适宜时，调整燃料用量的多少来调整点火温度。当燃烧室内火焰呈蓝色时，说明空气不足；当火焰呈黄色时，说明空气过多。目测判断料面点火均匀、无花脸、无过熔痕迹为佳。当料面大面积呈黄色时，点火温度偏低；料面通体呈青色并夹杂黄斑，点火温度适宜；料面青黑色，点火温度稍高；料面青黑色并有金属光泽局部熔融时，点火温度高。

点火器阀门显示控制

点火器温度 1036℃ 点火器温度2 0℃ 点火器温度3 1013℃ 点火器压力 −4P	煤气温度 21℃ 煤气压力 4.86kPa 煤气流量 8695m³/h	空气温度 16℃ 空气压力 5.82 空气流量 6202m³/h	左烟道温度 147℃ 左烟道压力 −9.73kPa 右烟道温度 148℃ 右烟道压力 −9.61kPa

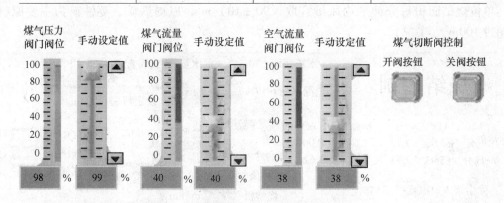

图 3-10　点火炉控制仪表

3.6　抽风烧结

3.6.1　烧结知识概述

风是烧结作业赖以进行的基本物质条件之一，也是加快烧结过程最活跃积极的因素，过料层的抽风量越大，垂直烧结速度越快，在保持成品率不变的情况下，可大幅度提高烧结生产产量。但是，风量过大，烧结速度过快，混合料各组分没有足够的时间互相黏结在一起，将会降低烧结矿的成品率，同时冷却速度的加快也会引起烧结矿强度的降低。

3.6.2　烧结机

根据烧结方式不同，烧结机可分为间歇式（烧结锅、烧结盘、悬浮烧结设备等）和连续式（环式、带式）两大类。间歇式生产不连续，导致生产效率低，现在广泛采用的是带式烧结机。带式烧结机主要是由台车、驱动装置、装料装置、点火装置、风箱、密封装置等部分组成。

台车是烧结机的重要组成部分，带式烧结机工作时，依靠传动装置带动的头部星轮推动各个单独的台车在闭合的轨道上连续运转。在台车移动过程中，给料装置将铺底料和混合料装到台车上，并随着台车移动至风箱上面即点火器下面时，同时进行点火抽风，烧结过程开始。当台车继续移动时，位于台车下部的风箱继续抽风，烧结过程继续进行。台车移至烧结机尾部风箱或前一个风箱时，烧结过程进行完毕，台车在机尾导轨处进行翻转卸料，然后沿着水平或一定倾角的运行轨道移动至头部导轨处，被转动着的头部星轮咬入，通过头部导轨转至上部水平轨道，台车运转一周完成一个工作循环。

带式烧结机根据其抽风烧结面积的大小，分为各种不同的规格。一般，带式烧结机有两种工作状况：一种是有效抽风面积全部用来混合料烧结；另一种是一段用来烧结，另一段用来冷却（机上冷却），因此，抽风烧结面积就分作烧结面积和冷却面积，但此种情况不多见。目前，带式烧结机的烧结面积已增大到 $600m^2$，如太钢、日钢烧结机。

烧结生产的控制画面如图 3-11 所示，通过适当调整生产工艺参数，确保生产顺利进行。单位烧结面积每分钟平均风量宜取（90 ± 10）m^3，以褐铁矿、菱铁矿为主要原料时可超过 $100m^3$（工况）。

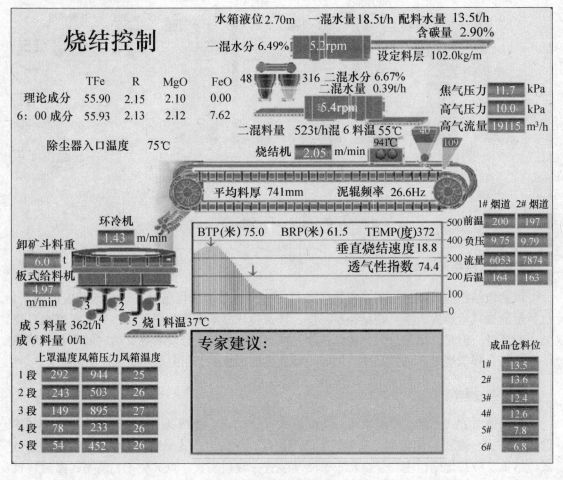

图 3-11　烧结控制画面

烧结机机速与料层高度对烧结过程和生产质量有直接的影响，而烧结混合料的水、碳含量对烧结过程的变化起着非常重要的作用。正确控制烧结终点是生产操作的重要环节。一般判断终点的主要依据有：

（1）仪表所反映的主管废气温度、负压，机尾末端三个风箱的温度、负压差；

（2）机尾断面的黑、红、厚、薄状态。

（3）成品烧结矿和返矿的残碳量。

3.7　烧结矿处理

烧结矿从机尾卸下后，即进入成品处理阶段，包括破碎、筛分、冷却、运输等工序。

3.7.1　热破碎与热筛分

为保证供给高炉粒度均匀的烧结矿，在筛分前用剪切式单辊破碎机（见图3-12）将烧结饼破碎至150mm以下，然后经热筛分进入冷却机。虽然筛除了部分粉末，提高了冷却效果，但是高温条件使热筛故障多、寿命短，因此，现在已逐渐取消热筛，即烧结矿破碎后直接进入冷却机。

图3-12　单辊破碎机

3.7.2　冷却

烧结矿冷却宜采用机外冷却，设备有环式冷却机、带式冷却机、链式冷却机和振动式冷却机等。前两种比较常见，多为鼓风式，如图3-13所示，冷却机内料层厚度应为1.0～1.5m，风量为2200～2500m³/t，冷却时间为60min左右，冷却后烧结矿温度降至100～150℃。

（1）环式冷却机。简称环冷机，是应用最广的冷却设备。主要由钢结构机架、冷却台车、传动装置、导轨、风机、密封罩和卸矿漏斗等组成。图3-13为环冷机的外观和内部图。国内现已投产的最大的环冷机是日钢和太钢600m²烧结机配备的环冷机，有效冷却面积为660m²。

环冷机是由若干个冷却台车组成一个圆环，台车底部铺有百叶窗箅条和铁丝网，风机工作时，冷风从百叶窗箅条通入烧结矿层使烧结矿冷却。每一个台车的后边有两个行走轮，在圆形轨道上运转。

图 3-13　环式冷却机

（2）带式冷却机。简称带冷机，主要由台车、链条、托辊、传动装置、尾部拉紧装置、密封罩和风机等组成，外观如图 3-14 所示。带冷机占地面积小，密封容易，布料较均匀，制作安装比较方便，但台车利用率低，投资高。

3.7.3　整粒

烧结矿的整粒就是对冷却后的烧结矿进行冷破碎和 2～4 次筛分，按需要进行粒度分级，一般 5mm 以下的为返矿，取部分 10～20mm 烧结矿作为铺底料，其余粒度烧结矿作为成品矿送往高炉。常见的整粒流程如图 3-15～图 3-16 所示。

图 3-14　带式冷却机

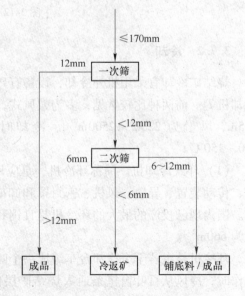

图 3-15　三段式筛分流程

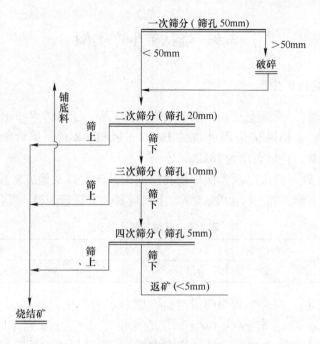

图 3-16　四段式筛分流程

3.8　烧结车间各岗位职责

烧结车间操作岗位主要是：中控室、配料工、混料工、冷却工和整粒工等。

（1）中控室。中控室协助工长组织、联系、指挥、协调好当班生产，及时把各项生产操作指标，有关通知等向有关岗位传达，并督促执行。认真作好各项记录，及时、准确、字迹规整无遗漏。负责岗位所属设备的使用、操作、维护及管理。

（2）配料工。配料工负责配料现场设施的生产技术操作和设备操作，圆盘给料机及电子秤杂物的清除，观察了解原料的水分、成分、粒度、下料量及槽存情况，并及时报告中控室。负责配合电工对电子秤的校正和本岗位设备检修的配合及试车验收。

（3）混料工。混料工负责本岗位生产操作，均衡满足供料，确保烧结机用料要求。严格执行安全生产规程，确保人身安全，设备正常运转，与配料室、烧结机等有关岗位密切联系，紧密配合，满足烧结混合料水分和混匀、制粒需求。搞好设备巡检，确保设备润滑良好。

（4）冷却工。冷却工负责集中联锁操作时现场设备情况的确认与反馈、单动操作的现场监视；负责现场卸矿温度、料及装料量的监视与信息反馈；负责本岗位设备检修的配合及试车验收，本岗位一般事故的排除和事故状态下的紧急停机。

（5）整粒工。整粒工负责成品筛分机机旁操作及整体切换操作，成品筛分机集中联锁操作的现场确认，监视工作，本岗位设备检修的配合及试车验收工作和一般事故的排除和事故状态下的紧急停机。

3.9　烧结矿生产实例

3.9.1　普通烧结矿生产

首钢京唐钢铁联合有限责任公司一期 1 号烧结机工程，于 2009 年 5 月 9 日正式投产运行，有效面积为 550m²。主抽风机采用进口的 Howden 风机，2 台，单台能力达 25375m³/min，最大功率为 11000kW，进口负压为 18kPa。

（1）配料。含铁原料由巴西赤铁矿粉和澳洲褐铁矿粉以及地方矿粉组成。

按烧结矿碱度 1.85、混合料含碳 3.0%、上料量 800t/h 进行配料，混合料配比列于表 3-4。

表 3-4　原燃料配入比例　　　　　　　　　（%）

混匀矿	返矿	石灰石	白云石	白灰	焦灰	除尘灰	焦粉
75	15	5.05	4.5	6	3	2.5	3.62

（2）混合与布料。混合方式为两段混合，圆筒混合机的处理能力为 1400t/h，一次混合机规格 φ4.4m × 18m，转速为 6r/min，安装角度 3.0°，填充率 14.1%，混合时间 2.4min，筒体旋转方向为逆时针（沿料流方向看），驱动形式为减速机；二次混合机规格 φ5.1m×28m，转速 5.5r/min（5~7r/min 可调），安装角度 2.5°，填充率 11.2%，混合时间 4min，筒体旋转方向为顺时针（沿料流方向看），驱动形式为液压马达。设定一混水分 6.8%，二混水分 7.0%，采用红外线水分仪在线监测混合料水分。

将环冷机余热产生的蒸汽通入二次混合机内、烧结机前的缓冲矿槽，预热混合料，将料温提高到 65℃ 以上，以改善料层透气性。

采用梭式布料器 + 圆辊 + 九辊布料器联合布料，转速为 22r/min。

（3）烧结。点火温度 1100℃，烟道温度在 150℃ 左右，烧结终点逐渐稳定在 26 号风箱位置，点火负压控制在 10kPa 左右；FeO 控制在（7.5±1）%，转鼓指数稳定在 77% 以上。台车宽度 5.0m（栏板之间宽度为 5.5m），有效长度 100m，台车速度为 1.333~4m/min，栏板高度 750mm。

（4）冷却。环冷机有效冷却面积 580m²，回转中径 φ53m，台车宽度 3.9m，台车栏板高度 1.5m，最大料厚 1.4m，处理能力 1300t/h。环冷系统配备了 6 台大功率鼓风机，共设有 24 节风箱，每 4 节为一段，便于控制烧结矿冷却强度，保证烧结矿质量。

（5）整粒。从烧结机上卸下的热烧结饼经单辊破碎至 150mm 以下，经环冷机冷却后由板式给矿机、带式输送机运至成品筛分室进行集中整粒。工艺流程如图 3-17 所示。

筛分流程采用 3 次筛分工艺，对应 2 个

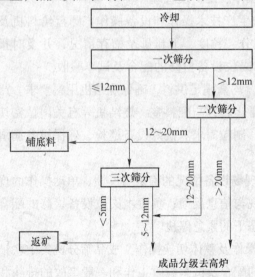

图 3-17　整粒工艺流程图

筛分系列，一用一备，每个系列配置 3 台冷矿筛，处理能力 1200t/h。一次筛为椭圆等厚振动筛，规格为 3.8m×10m，筛孔尺寸 12mm，筛分效率 90%；二次筛为直线筛，规格为 3.8m×7.5m，筛孔尺寸 20mm，筛分效率 80%；三次筛为椭圆等厚振动筛，规格为 3.8m×10.6m，筛孔尺寸 5mm，筛分效率 90%。

（6）主要技术经济指标。利用系数 1.49t/（m^2·h），料层厚度 830mm，碱度合格品率 99.71%，烧结矿转鼓指数 81.79%，固体燃料单耗 43.85kg/t，煤气单耗 44.46MJ/t，电量单耗 36.7kW·h/t，工序能耗 47.7kg/t。成品烧结矿粒度组成见表 3-5。

表 3-5　成品烧结矿粒度组成　　　　　　　　　　　　　　　　（%）

烧结矿	>40mm	40~25mm	25~16mm	16~10mm	10~5mm	<5mm
大成品	36.28	43.61	18.52	1.59	0	0
小成品	0	0	29.12	34.13	35.43	1.32

3.9.2　特殊烧结矿生产

攀钢钒公司 360m^2 烧结机于 2009 年 6 月 2 日建成投产。烧结主原料为钒钛磁铁精矿，年产烧结矿 390 万吨左右，烧结机利用系数为 1.3t/（m^2·h），作业率 96%。主抽风机风量 2×19800m^3/min（工况），进口负压 16.5kPa，单位面积风量 110m^3/（m^2·min），位居国内前列。

（1）配料。含铁原料为攀精矿、矿粉，用胶带机输送至配料室，用重型卸料车卸到配料室矿槽中。燃料破碎采用两段流程。

配料室共计 18 个矿槽双排配置，精矿槽 2 用 1 备，粉矿槽 2 用 2 备，返矿槽 2 用 1 备，燃料矿槽 2 用 3 备，石灰石槽为 1 用 2 备。原料主要有含铁原料、熔剂、燃料、返矿、生石灰、除尘灰等。

（2）混合布料。采用两段混合工艺，一次圆筒混合机 φ4.0m×16m，倾角 2.4°，混合时间约为 2.9min，填充率为 13.35%；二次圆筒混合机 φ4.4m×21m，倾角 1.9°，混合时间 4.1min，填充率为 11.53%。为了提高料温强化烧结，对一、二次混合添加热水（水温高于 70℃），并在二次混合机内设蒸汽预热混合料装置。混合料的水量添加采用自动控制。在二次混合机前配加生石灰（二次配加）及燃料（二次配加）。

混合料布料采用梭式布料器＋圆辊给料机＋11 辊布料装置（可适当调整角度），将混合料均匀地布在烧结机台车上。

（3）烧结。点火燃料为焦炉煤气，采用低负压点火工艺，高效节能的双斜带式点火保温炉，点火温度为 1060℃。

烧结机共设 20 个风箱，每个风箱沿台车宽度方向分两侧抽风。集气管分为两根，从尾部到头部截面直径逐渐变大，集气管沉降的粉尘通过电动双层卸灰阀（刀口式），卸到胶带输送机上。料层厚度 700mm，废气温度 132℃，机速 2.24m/min。

（4）冷却。采用 415m^2 鼓风环式冷却机，设有 5 台鼓风机，并采取厚料层（1400mm）低转速，每吨烧结矿冷却风量不小于 2500m^3，冷却后的烧结矿平均温度不大于 150℃，冷却时间大于 60min。

（5）整粒。采用三次筛分整粒流程，一用一备。筛分机均为三轴驱动的上振式椭圆等厚筛，其中一、二次筛采用板式结构筛板，三次筛板采用梳齿筛板。粒度为 10~16mm 做铺底料，小于 5mm 的为返矿，工艺流程图如图 3-18 所示。

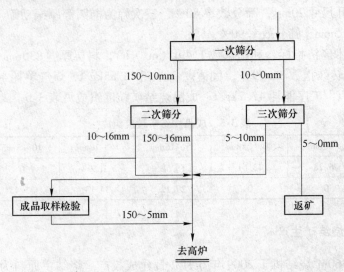

图 3-18　筛分工艺流程图

（6）主要技术经济指标。利用系数：1.42t/（$m^2 \cdot h$），固体燃耗 45.42kg/t，转鼓指数 72.96%。

复习思考题

3-1　简述烧结矿主要生产流程。

3-2　简述配料的目的、方法以及烧结厂配料的主要形式。

3-3　目前我国主要采用布料方式有哪些？分别说明它们的优缺点。

3-4　简述混合料水分控制方法。

3-5　判断烧结终点的方法有哪些？

4 球团厂实习

球团法是粉矿造块的另外一种重要方法，是原料（尤其是细精矿）配加黏结剂、添加剂后经造球、筛分、干燥、预热、高温焙烧、冷却，生产球团矿的过程。所得产品是球团矿，呈球形，粒度均匀，具有高强度和高还原性。它不仅是高炉炼铁、直接还原等的原料，还可作为炼钢的冷却剂。目前生产球团矿的设备主要有竖炉、链箅机-回转窑和带式焙烧机。

球团矿按碱度（R）的不同可分为酸性球团矿和自熔性球团矿。按球团矿固结温度和气氛的差异可分为氧化球团矿、冷固球团矿以及金属化球团矿。酸性球团矿与高碱度烧结矿搭配，可以构成高炉合理的炉料结构，使高炉达到增产节焦、提高经济效益的目的。

通常，球团矿的生产工艺流程包括原料的准备、配料、混合、造球、干燥预热焙烧、成品与返矿的处理等环节。

4.1 实习内容

4.1.1 实习知识点

（1）原料准备系统。球团生产用主要原料种类及要求。

（2）球团生产过程。球团生产工艺流程，与烧结生产工艺的异同；配料及混合工艺及设备、造球过程及设备，影响生球质量的因素；干燥预热、焙烧固结的过程、冷却与筛分过程，成品球团矿的质量要求，相应生产操作。

（3）球团矿主要生产方法。竖炉、链箅机-回转窑、带式焙烧机生产球团矿工艺流程，主要设备及三种生产工艺的异同。

4.1.2 实习重点

（1）掌握球团生产主要原料种类及要求。

（2）掌握球团生产过程参数控制方法及原理。

（3）掌握三种主要球团生产工艺流程的特点。

（4）掌握球团生产重要技术经济指标。

4.2 原料准备

球团原料主要由以下三部分组成：含铁料、熔剂和黏结剂。含铁料主要是精矿粉及含铁工业副产品等。含铁工业副产品主要是黄铁矿烧渣、轧钢皮、转炉炉尘、高炉炉尘等。一般各种炉尘粒度很细，比表面积大，而烧渣和轧钢皮需细磨后方可造球。熔剂主要是指石灰石、白云石、硅石等。黏结剂主要是膨润土、消石灰和水泥等。膨润土是使用最广泛、效果最佳的一种优质黏结剂。

球团原料要求具有一定的粒度和粒度组成、适宜的水分和均匀的化学成分，所以球团原料需要经过准备处理，包括原料细磨、水分调整和矿石中和。

4.2.1 原料细磨

球团工艺要求精矿粉（或富矿粉）－200目的量大于80%，上限小于0.2mm，膨润土－200目的含量大于98%，上限小于0.1mm，熔剂－200目的大于80%，上限小于1mm，固体燃料磨至－0.5mm。当含铁原料为赤铁矿、褐铁矿或混合矿，或外购铁矿石为主时，宜采用干磨，熔剂与燃料采用专用干式磨细设备。

4.2.2 水分调整

矿石中水分含量宜小于10%。选矿后的铁精矿需经脱水处理，脱水后，再用圆筒干燥机干燥。工艺流程如图4-1所示。

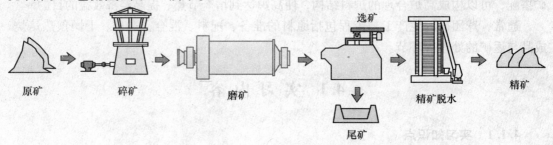

图4-1 矿石处理流程图

4.2.3 矿石中和

现代化的球团厂多采用中和料场的堆取料机实现含铁原料的中和，保证原料化学成分的稳定。原料中TFe含量宜大于66.5%，波动允许偏差为±0.5%，SiO_2含量宜小于4.5%，波动允许偏差宜为±0.2%。堆取料机如图4-2所示。

图4-2 斗轮堆取料机

4.3 配料与混匀

4.3.1 配料

通常含铁料的配料宜采用圆盘和电子皮带秤组合方式，膨润土和添加剂等添加量少的物料宜采用密闭性能好的高精度配料秤配料，以螺旋给料机＋电子皮带秤为宜。圆盘给料机见图4-3，螺旋给料机见图4-4。

图4-3 圆盘给料机

图4-4 螺旋给料机

4.3.2 混合

由于球团矿生产中膨润土、石灰石粉等添加剂的加入量很少，为了使它们能在矿粉颗粒之间均匀分散，并使物料同水良好结合，应加强混合作业。配合料的混合应采用强力混合工艺和设备。混匀设备主要有轮式混合机、立式混合机（见图4-5）和卧式混合机（见图4-6）。

图4-5 立式混合机

图4-6 卧式混合机

我国球团配合料大多数采用类似于烧结厂圆筒混合机的一段混合，也有部分厂采用一段轮式混合＋二段强力混合的工艺，效果很好。

4.4　造球与布料

　　配合料经混合后进入造球工序。目前国内外主要采用圆盘造球机和圆筒造球机。到目前为止，我国球团厂几乎全部为圆盘造球机，混合料由圆盘造球顶部的混合料仓，均匀地向造球机布料，同时由水管供给雾状喷淋水，倾斜布置的圆盘造球机，由机械传动旋转，混合料加喷淋水在圆盘内滚动生成球团，如图4-7所示。圆盘造球机本身具有分级作用，使得生球粒度较均匀。为了提高料层透气性，达到均匀焙烧的目的，新建球团厂均采用筛分分级工艺。国外6%以上球团厂采用圆筒造球机（见图4-8），与筛分组成闭路流程，将小于要求粒度的小球筛去，并返回造球机内，其循环负荷为100%~200%，最大时可达400%。

图4-7　圆盘造球机

图4-8　圆筒造球机

　　生球焙烧前要进行筛分，得到粒度合适且均匀的生球，筛出的粉末则返回造球盘上重新造球。生球筛分设备宜为辊式筛分机（也叫布料器），筛出大于16mm和小于8mm的不合格生球，返回造球系统重新造球。筛分机的工作方式示意图如图4-9所示，实物如图4-10所示。10~14mm的生球含量应大于80%，筛分后合格生球的含粉率应小于5%，爆裂温度宜大于450℃，水分波动允许偏差宜为±0.25%，按标准测定（球团从0.5m高处落下）落到钢板的落下次数，对大型球团工程宜大于8次/个球，对中小型球团工程，宜大于5次/个球。

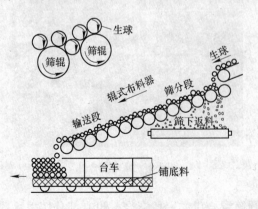

图4-9　筛分机的工作方式示意图

图4-10　辊式筛分机

4.5 焙　烧

生球的焙烧固结是球团生产过程中最为复杂的一道工序，对球团矿生产起着很重要的作用。生球通过在低于混合物熔点的温度下进行高温焙烧，可使其发生收缩并致密化，从而具有足够的机械强度和良好的冶金性能。焙烧过程可分为干燥、预热、焙烧、均热、冷却五个阶段。

球团矿的焙烧设备主要有竖炉、带式焙烧机和链箅机-回转窑三种。竖炉使用最早，设备简单、操作方便，但单机能力小，加热不均，对原料适应性差。带式焙烧机主要是德腊沃-鲁奇型（Dravo-Lurgi），具有单机能力大、有余热利用系统、设备简单可靠、操作方便等优点，国外使用较多，生产的球团占世界总产量一半以上。链箅机-回转窑适应性强、生产能力大、工艺灵活、可采用廉价煤作燃料等，近年来已成为我国球团矿生产的主流设备，产量占全国球团产能的60%以上，但是该工艺设备环节多，回转窑易结圈。

4.5.1　竖炉法

竖炉规格用炉口断面积表示，如 $8m^2$、$16m^2$ 等。竖炉对原料的要求比较苛刻，目前只适用于焙烧磁铁矿生球。竖炉生产是个连续作业的过程，生球通过布料机连续、均匀地布入炉内，从上到下依次进行干燥、预热、焙烧、均热和冷却，从竖炉底部均匀地排出炉外，竖炉工作示意图如图4-11所示，冷却区齿辊如图4-12所示。一般竖炉有效高度约20m，球团在炉内运行时间约4h。

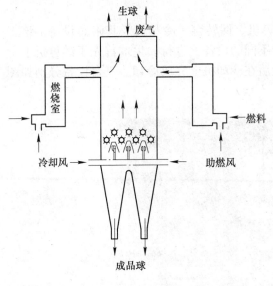

图4-11　竖炉

图4-12　冷却区齿辊

（1）布料。竖炉是一种按逆流原则工作的热交换设备，为保证竖炉正常操作，炉料必须具有良好的透气性，因此，生球必须松散均匀地布到料柱上面。

竖炉早期采用矩形布料，料面呈深V形，但是纵向中心线周围的温度达不到理想焙烧温度，后来改为横向布料，形成一行行横向小沟谷，炉内温度及气流分布得到明显改善。我国采用直线布料，布料车沿着炉口纵向中心线运行，虽然布料时间短、设备作业率高，但皮带易烧坏。

（2）干燥和预热。生球经过布料设备进入炉内，以均匀的速度连续下降，与从喷火口进入炉内逆向运动的热气体进行热交换，完成干燥、预热进入焙烧区。国外无专门的干燥设备，我国竖炉设有导风墙和屋脊形干燥床，料层厚度 150～200mm，废气温度 550～750℃，干燥时间 5～6min。其时大部分生球被干燥，并开始预热，当炉料下移到约 500mm 时，便达到最佳焙烧温度。

（3）焙烧。国外竖炉球团最佳焙烧温度保持在 1300～1350℃，而我国由于磁铁精矿品位较低、SiO_2 含量高，且高炉煤气热值较低，导致竖炉球团焙烧温度较低，一般燃烧室温度为 1100℃左右。

炉内气流分布状况决定着球团矿的质量，也是限制竖炉大型化发展的重要原因之一，国外竖炉最大宽度限制在 2.5m 左右。

（4）冷却。冷却区占竖炉容积的 50% 以上。竖炉下部由一组摆动着的齿辊隔开，齿辊支承整个料柱，并破碎在焙烧区可能黏结的大块，使料柱保持疏松状态。冷却风由齿辊标高处鼓入竖炉内。冷却风的压力和流量应能使之均衡地向上穿过整个料柱，并能使球团矿得到最佳冷却。排出炉外的球团矿温度可通过调节冷却风量达到控制。

架设有导风墙的竖炉，由于中心处料柱高度大大降低，阻力减小，冷却风从炉子两侧送进炉内，由导风墙导出，使得风量在冷却区整个截面分布较均匀。并且在风机压力降低时，鼓入的冷风量反而增加，因而提高了球团矿的冷却效果。

4.5.2　链算机-回转窑法

链算机-回转窑是一种联合机组，包括链算机、回转窑、冷却机及其附属设备。该工艺的干燥预热、焙烧和冷却过程分别是在三台不同的设备上进行。生球首先于链算机上干燥、脱水、预热，而后进入回转窑内焙烧，最后在冷却机上完成冷却。三台设备分别如图 4-13～图 4-15 所示。

图 4-13　链算机

图 4-14　回转窑

图 4-15　冷却机

（1）布料。采用的布料设备有皮带布料器和辊式布料器两种。20 世纪七八十年代，国外链箅机-回转窑球团厂大都采用皮带布料器。为了使生球在链箅机宽度方向上均匀分布，在皮带布料器前装备一摆动皮带或梭式皮带机，但布料效果不理想。

辊式布料器为 70 年代改进的一种布料设备，可使球团矿中小于 6.3mm 的粒级达到 0.35%。采用辊式布料器，调整布料辊的间隙，既可使生球得到筛分，又可通过滚动改善生球表面的光洁度，提高生球质量。

对大中型带式焙烧机和链箅机-回转窑的布料，宜采用梭式或摆式布料机、宽皮带和辊式布料器的组合。生球在链箅机上的布料高度宜为 160~200mm，链箅机挡板高度宜低于料层高度 10~20mm。

（2）干燥和预热。生球在链箅机上利用从回转窑出来的热废气进行鼓风干燥、抽风干燥和抽风预热。其干燥预热工艺按链箅机炉罩分段可分为二段式、三段式和四段式，按风箱分室又可分为两室式和三室式。生球的热敏感性是选择链箅机工艺类型的主要依据。

生球经布料器布到链算机上，球层厚度约为 180～220mm，在干燥室，生球被从预热室抽过来的 250～450℃ 的废气干燥，然后进入预热室，被从回转窑出来的 1000～1100℃ 氧化性废气加热，发生部分氧化和再结晶，具有一定的强度，再进入回转窑焙烧。

（3）焙烧。随着窑体的旋转，球团在窑内滚动，并向排料端移动。烧嘴在排料端，可使用气体或液体燃料，也可以用固体燃料。燃烧废气与球团成逆向运动由进料端排入预热室。窑内温度可达到 1300～1350℃。球团在回转窑内主要是受高温火焰以及窑壁暴露面的辐射热的焙烧，主要焙烧热源来自窑头烧嘴喷入的火焰及环冷机第一冷却段的热气流（燃烧用二次空气）。

（4）冷却。从回转窑排出的热球团矿（一般 1200℃ 左右）卸入冷却机冷却，温度降到适宜下步（皮带）输送的温度，一般要求在 100℃ 左右。被加热的空气送入窑内作为燃料燃烧的二次空气，或送入链算机干燥段，用来干燥生球，可回收 70%～80% 的热量，工艺风流程图如图 4-16 所示。目前各国链算机-回转窑球团厂，采用环式冷却机鼓风冷却，分为高温冷却段和低温冷却段，料层厚度宜为 660～760mm，冷却时间 25～30min。

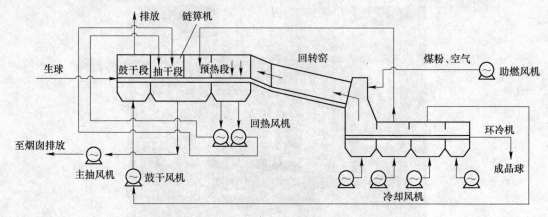

图 4-16 链算机-回转窑-环冷机工艺风流程图

4.5.3 带式焙烧机法

带式焙烧机工艺源于带式烧结机的启发，但是在生产技术上存在天壤之别。带式焙烧机球团工艺的焙烧全过程均在同一台设备上进行，球层始终处于相对静止状态，工序比较复杂。生球料层薄（200～400mm），工艺气流及料层透气性所产生的波动影响较小，原料适应性强，热气流循环利用，能耗较低，单机产量大，可实现大型化。工艺流程如图 4-17 所示。

各段的长度根据原料条件有所不同，干燥段约占总长度的 18%～33%，温度不高于 800℃，预热、焙烧和均热段共占 30%～35%，预热段温度不超过 1100℃，焙烧段约为 1250℃，冷却段为 33%～43%。

采用辊式筛分机，对生球起筛分和布料作用，并降低生球落差，节省膨润土用量。生球采用鼓、抽风干燥工艺，鼓风冷却，台车和底料首先得到冷却，冷风经台车和底料预热后再穿过高温球团料层，避免球团矿冷却速度过快，使球团矿质量得到改善，该工艺可根据矿石种类采用不同的气流循环方式和换热方式，能适应各种不同类型矿石生产球团矿。

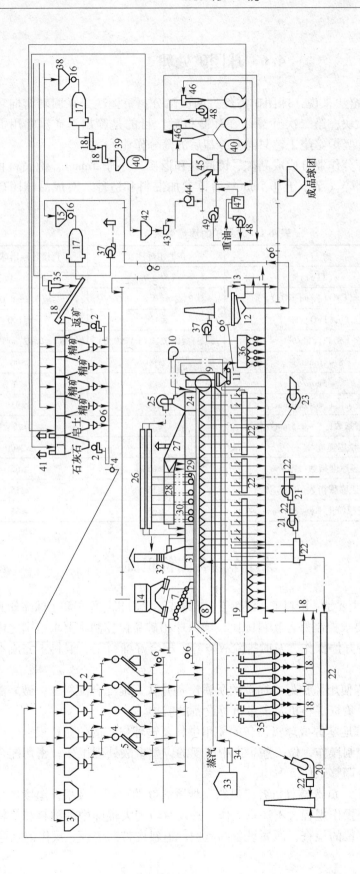

图 4-17 162m² 带式焙烧机车间工艺流程图

1—配料槽；2—定量给矿机；3—中间矿仓；4—轮式混合机；5—圆盘造球机；6—皮带秤；7—辊式布料机；8—焙烧机；9—卸矿装置；10—密封风机；11—板式给矿机；
12—自动平衡振动筛；13—分料漏斗；14—边底斜槽；15—返矿槽；16—圆盘给料机；17—双室管磨机；18—螺旋运输机；19—沉降管；20—主轴风机；21—鼓风干燥机；
22—风管；23—冷却区风罩；24—第一冷却风机；25—回热管；26—回热风机；27—第二冷却区风罩；28—二次风主管；29—均热区风罩；30—焙烧区风罩；
31—干燥区风罩；32—冷却区风罩；33—重油罐；34—重油泵房；35—旋风除尘器；36—布袋除尘器；37—旋风除尘风机；38—石灰石矿槽；39—中间矿槽；40—输送系；
41—仓顶收尘器；42—皂土仓；43—槽式给矿机；44—颚式破碎机；45—悬辊粉磨机；46—旋风分离器；47—热风干燥机；48—热风干燥机；49—主风机

4.6 球团矿处理

对于链箅机-回转窑法来说，球团矿需经过两次筛分：第一次是在回转窑向环冷机卸料时，用棒条筛剔除大块；第二次筛分是在环冷机后，目的是筛出返矿。常用惯性振动筛。对于带式焙烧机和竖炉焙烧工艺只需要冷却后的筛分作业。

球团矿冷却后经筛分作业分成成品矿、铺底料和返矿（小于5mm），铺底料直接加到焙烧机上，返矿经过磨碎（至小于0.5mm）后再参加混料和造球。对成品球团矿的质量要求见表4-1。

表4-1 成品矿的质量要求

项　目		高炉用球团矿	直接还原用球团矿
化学成分	$w(TFe)/\%$	$\geqslant(64\pm0.3)$	$\geqslant(66\pm0.3)$
	$R(w(CaO)_\%/w(SiO_2)_\%)$	$\leqslant0.3$ 或 $\geqslant(0.8\pm0.025)$	$\geqslant(0.8\pm0.025)$
	$w(FeO)/\%$	$\leqslant1.0$	$\leqslant1.0$
	S,P 含量/%	$w(S)\leqslant0.02, w(P)\leqslant0.03$	$w(S)\leqslant0.02, w(P)\leqslant0.03$
粒度组成	8~16mm/%	$\geqslant90$	$\geqslant90$
	−5mm/%	$\leqslant3$	$\leqslant3$
物理性能	转鼓强度(<+6.3mm)/%	$\geqslant92$	$\geqslant95$
	耐磨指数(<−0.5mm)/%	$\leqslant5$	$\leqslant5$
	抗压强度/$N\cdot个^{-1}$	$\geqslant2200$	$\geqslant2800$
冶金性能	还原度指数(RI)/%	$\geqslant65$	$\geqslant65$
	还原膨胀指数(RSD)/%	$\leqslant15$	$\leqslant15$
	低温还原粉化率(+3.15mm)/%	$\geqslant65$	$\geqslant65$

4.7 球团车间各岗位职责

球团车间操作岗位主要是：配料工、混料工、成球工、链箅机操作工和生球筛分工等。

（1）配料工。按要求控制好各物料配比，确保球团矿品位控制在要求范围之内；熟悉设备性能，负责本岗位开停操作，及时排除故障等；配合好捅料工、混料工完成本班的原料供应和操作记录等。

（2）混料工。熟练使用监护好本岗位的所属设备并认真地配合配料工，做好混料的疏通、供料及积料清理；负责混料机及皮带机等设备的监护。

（3）成球工。熟练地掌握成球盘设备的使用供料及输球皮带的使用；根据生产时对生球粒度、水分要求的控制操作，做一些生产中出现的应急事故处理工作；密切配合链箅机的工艺操作定量和水分调整工作。

（4）链箅机操作工。负责链箅机各段风箱、烟罩温度的控制，及根据温度进行料量和机速的调整。严格按照操作规程，不违章操作，并及时清理大辊筛中的积料和分料器的调整，冷却部位，润滑部位的检查，所属设备的监护，返料皮带的清理、操作记录等。

（5）生球筛分工。负责本岗位设备的开停操作和故障排除。掌握本岗位设备性能、工作原理，负责设备的检查、维护和保养，及时提出设备缺陷与检修项目，参与设备检修后的试车并负责验收；认真联系与交接班，做到安全生产与文明生产。

4.8　球团矿生产实例

4.8.1　链箅机-回转窑法

邯钢Ⅱ期 200 万 t／a 链箅机-回转窑氧化球团生产线于 2009 年 6 月 1 日顺利建成投产。其主要工艺流程如图 4-18 所示。

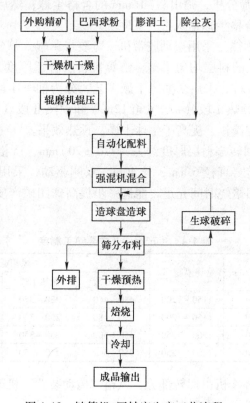

图 4-18　链箅机-回转窑生产工艺流程

（1）原料准备。用 50%～70% 国产精粉、10% 高镁粉和低于 30% 的一种或两种进口精粉搭配使用，所用矿粉成分见表 4-2，所用膨润土成分如表 4-3 所示。

表 4-2　铁精粉的理化性能和配比　　　　　　　　　　　　　　　　（%）

名称	配比	$w(TFe)$	$w(SiO_2)$	$w(MgO)$	$w(S)$	$w(Al_2O_3)$	$w(TiO_2)$	$w(H_2O)$	R_2	$w(-0.074mm)$
国产精粉	50～75	64.8	6.20	0.33	0.019	0.71	0.22	8.0	0.08	56～70
高镁粉	10	49.5	5.99	13.5	0.64	0.45	0.07	11.0	0.09	55
巴西精粉	15～20	65.24	3.75	0.05	—	0.95	0.10	7.8	0.01	70～80
智利精粉	20～40	66.45	2.35	0.42	0.02	0.68	0.25	8.5	0.15	80～90
乌克兰精粉	20～30	66.20	5.31	0.34	0.05	0.32	0.02	7.5	0.04	80～90
秘鲁精粉	15～20	68.50	2.30	0.40	0.35	0.35	0.10	8.4	0.11	85～95

表 4-3　膨润土的理化性能

蒙脱石/%	胶质价/倍	膨胀容/mL·g⁻¹	吸蓝量/g·(100g)⁻¹	吸水率/%	-0.074mm/%	水分/%
62	46.5	58	33	480	95	12.5

（2）干燥与配料。首先采用圆筒干燥机，以焦炉煤气为热源，对精矿进行干燥，要求精矿干燥后水分达到8.5%以下。采用高压辊磨机对精矿进行辊压，辊压后 -200 目达到65%以上，以提高物料比表面积，满足造球的需要。并按照成分要求进行配料，配入合适的膨润土、除尘灰等。

（3）混合及造球。选用德国爱立许 DW29/5 强力混合机，对精矿、膨润土、除尘灰等进行混合处理，改善成球条件。配置 9 台 6000mm×600mm 圆盘造球机（预留 1 台）；每个造球盘下设 21 辊辊式筛分机，筛出 9～16mm 的合格生球；然后采用 36 辊辊式筛分机，筛尽 -6mm 小球。并将合格生球运入下一工序。

（4）链算机干燥和预热。采用摆动胶带机＋宽胶带＋辊式筛分机的布料方式，精确控制布料，使布到链算机上的料层均匀平整，链算机料层合适厚度为 180～220mm。生球的干燥、预热在链算机上进行，采用全抽风干燥工艺，分为抽干 I 段（2 个风箱 6m）、抽干 II 段（5 个风箱 15m）、预热 I 段（4 个风箱 12m）和预热 II 段（8 个风箱 24m），全部采用双侧抽风。实行薄料层操作，提高了生球干燥、预热效果。

（5）回转窑焙烧。回转窑料层厚度约为（770±20）mm，严格控制好回转窑转速及窑内球足够的填充率。回转窑直径 6.1m，长 40m。双侧驱动，采用进口液压马达。选择合适的热工制度，确保球团焙烧时间充足，能进一步提高球团矿产质量，表 4-4 为生产组织及主要热工制度。

表 4-4　生产组织及主要热工制度

台时产量/t·h⁻¹	链算机料层/mm	焙烧温度/℃	风箱温度/℃			
			预热 II 段	预热 I 段	抽干段	鼓干段
170～210	170～180	1150～1200	430～460	250～350	≤200	100～150
210～250	180～190	1150～1200	450～480	250～350	≤200	100～150
250～350	180～200	1200～1250	450～500	250～350	≤200	150～250
300～350	190～220	1200～1250	450～500	250～350	≤200	150～250

（6）环冷机冷却。环冷机由回转部分、风箱、传动装置、机架等部分组成。设置有数台冷却风机。环冷机冷却面积达到 150m²。

（7）主要技术经济指标。经过不断探索与实践，该条生产线在球团矿产量、质量、工序能耗、作业率等方面均取得了较好指标，如表 4-5 所示。

表 4-5　球团的技术经济指标

时间	产量/t·d⁻¹	转鼓强度/%	抗压强度/N·个⁻¹	筛分指数/%	煤气单耗/m³·t⁻¹	工序能耗/kg·t⁻¹	MgO 含量/%
2010.01	4800	97.2	2395	2.87	37.5	26.84	1.55
2010.02	6376	97.15	2401	2.98	30.4	26.27	1.45
2010.03	6152	97.24	2410	2.73	29.3	25.86	1.42
2010.04	6088	97.24	2409	1.15	34.9	24.21	1.46
2010.05	4600	97.18	2415	0.97	37.5	25.58	1.4

4.8.2　带式焙烧机法

首钢京唐 504m² 带式焙烧机是中国国内目前最大最先进的带式焙烧机，于 2010 年 8 月顺利投产，年产量 $4 \times 10^6 t/a$，工艺流程如图 4-19 所示。

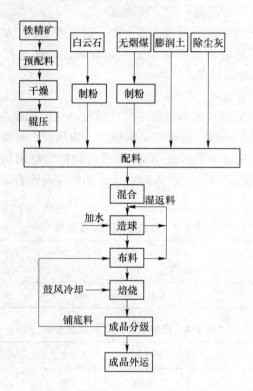

图 4-19　京唐球团工艺流程图

（1）原料。原料为 75% 秘鲁矿粉 + 15% 国产磁铁精矿粉 + 10% 巴西球团粉，所用矿粉成分见表 4-6。

表 4-6　矿粉成分　　　　　　　　　　（%）

品名	$w(TFe)$	$w(SiO_2)$	$w(CaO)$	$w(P)$	$w(S)$	$w(FeO)$	$w(Al_2O_3)$	$w(TiO_2)$	$w(MgO)$	$w(K_2O)$	$w(Na_2O)$	$w(烧损)$
秘鲁矿	70.08	1.2	0.26	0.004	0.18	29.38	0.29	0.035	0.44	0.026	0.087	-2.83
地方1	64.01	7.32	0.28	0.03	0.044	11.28	0.56	0.024	0.25	0.046	0.025	-0.37
地方2	66.59	3.35	1.78	0.002	0.36	28.88	0.62	0.07	0.75	0.037	0.024	-2.33
地方3	65.75	4.69	0.3	0.008	0.078	26.22	1.48	1.18	0.73	0.037	0.032	-1.80
地方4	63.93	9.12	0.44	0.013	0.16	27.37	1.11	0.17	0.51	0.063	0.043	-2.61
地方5	66.17	7.15	0.15	0.007	0.010	24.35	0.39	0.045	0.25	0.012	0.005	-2.12
膨润土1		60.92	3.12	0.054	0.012		15.81		2.51	0.62	1.25	10.15
膨润土2		67.76	2.28	0.024	0.003		14.0		2.17	1.08	1.82	7.93
膨润土3		69.63	3.24	0.007	0.020		12.19		3.30	0.37	0.52	9.11

（2）混合。来自原料场的两种铁精矿通过可逆配仓胶带机送入原料储仓，利用原料仓的带式称量给料机，按一定比例配好后送入辊压室，采用 KHD Humboldt Wedag GmbH 洪堡公司辊压机磨细。然后将按设定比例配好的各种物料通过集料胶带机送至混合室，采用 Gebrueder Loedige Maschinenbau GmbH 罗地格混合机进行混合，实现原料混合均匀和成品球成分均匀。工序混匀料水分控制不大于 8.5%。

（3）造球。混合料由胶带机运至造球室上部，通过胶带机上的犁式卸料器分卸至 7 个混合料仓内，再通过皮带秤将混合料定量给到造球盘，造球过程中，向圆盘添加适量水分，使混合料水分达到造球最佳值。

造球室设有 8 台国产造球机，7.5m 直径。

（4）焙烧。生球布料采用梭式布料器→宽胶带机→双层辊筛→焙烧机的流程。带式焙烧机分鼓风干燥段、抽风干燥段、预热段、焙烧段、均热段、一冷段和二冷段共 7 个工艺段。具体设备及性能参数见表 4-7 和表 4-8。带式焙烧机焙烧燃料采用焦炉煤气。冷却后的球团矿通过焙烧机尾部的翻转站，进入卸料斗，卸料斗设计有 2 个出料口，通过胶带机运往成品分级站。

表 4-7　带式焙烧机设备参数

有效面积 /m²	有效长度 /m	机速 /m·min⁻¹	台时能力 /t·h⁻¹	台车规格 (B×L)/m	台车数量 /台
504	126	1.8~5.5	505	4×1.2	192

表 4-8　焙烧机工艺区段性能参数

区　段	长度/m	面积/m²	面积比/%	气流方式	风箱个数	烧嘴数量/(个×排)
鼓干段	9	36	7.14	上鼓	1.5	—
抽干段	15	60	11.9	下抽	2.5	—
预热段	15	60	11.9	下抽	2.5	5×2
焙烧段	33	132	26.19	下抽	5.5	11×2
均热段	9	36	7.14	下抽	1.5	—
一冷段	33	132	26.19	上鼓	5.5	—
二冷段	12	48	9.52	上鼓	2	—

（5）成品分级。冷却后的球团矿，通过胶带机送到成品分级站。通过底边料分离器分出一部分 +9mm 粒级的成品作铺底、边料用，其他的成品球团矿用成品胶带机系统转运至高炉矿槽，也可通过皮带机运送至料场堆存。

（6）主要技术经济指标。成品球团矿主要成分见表 4-9，生产指标见表 4-10。

表 4-9　成品球团矿主要成分及性能

$w(TFe)$	$w(FeO)$	$w(CaO)/w(SiO_2)$	抗压强度/N·个⁻¹	$w(筛分指数 <5mm)$
65.62%	0.335%	0.106	3423	0.623%

表 4-10　带式焙烧机生产指标

利用系数 /t·m⁻²·h⁻¹	作业率 /%	精矿粉消耗 /kg·t⁻¹	膨润土用量 /kg·t⁻¹	新水耗量 /t·t⁻¹	煤气耗量 /MJ·t⁻¹	电耗 /kW·h⁻¹·t⁻¹	工序能耗 /kg·t⁻¹
0.784	93.69	1009	21.79	0.028	700	28.08	27.62

复习思考题

4-1　球团矿可以分为哪几种？简述高炉合理炉料结构。

4-2　球团矿生产用原料有哪些，有什么要求？

4-3　球团矿焙烧方法有哪几种？简述其主要工艺流程。

4-4　对球团矿质量要求有哪些？

5 高炉炼铁实习

炼铁是将金属铁从含铁矿物中提炼出来的工艺过程，主要有高炉法、直接还原法、熔融还原法等。高炉炼铁由于具有技术经济指标良好、工艺简单、产量高、能耗低等特点，所以在未来很长一段时期内仍将占据主导地位。高炉冶炼是还原过程，主产品为炼钢生铁、合金生铁和铸造生铁，副产品煤气可供给炼铁厂、烧结厂和炼焦厂等作为燃料，也可用来发电或城市取暖，而高炉渣则是制造水泥的好原料。

5.1 实 习 内 容

5.1.1 实习知识点

（1）高炉设备及工艺。高炉炼铁工艺流程，高炉容积、内型尺寸及风、渣、铁口的个数、炉衬材质及冷却器类型；炉顶装料形式、布料方式、料位探测方式；高炉本体仪表检测设备及布置，高炉系统平面布置的类型及其特点等。

（2）原燃料系统。高炉冶炼用原燃料的种类、化学成分、粒度组成、强度等性能及要求；原燃料的准备、贮存、运输及筛分称量方法和设备布置方式等。

（3）送风系统。热风炉的类型、结构和工作原理，所用燃料的种类和配比，热风炉燃烧废气余热利用原理和设备等。

（4）燃料喷吹系统。高炉喷吹工艺流程及相应设备，喷吹用燃料的种类和性质，输送介质、喷吹参数与喷吹效果的关系等。

（5）煤气净化系统。高炉生产对煤气系统的要求，除尘工艺流程及相应设备，高压操作的原理和对设备的要求，煤气余压回收原理和设备等。

（6）渣铁系统。出铁场布置，炉前开铁口机、泥炮、堵渣机等主要设备的作用、原理，渣铁处理方式与设备，渣铁运输方式与设备等。

（7）高炉操作与控制。正常炉况的标志、炉况判断的意义和常用方法（铁、渣、风口、仪表观察以及计算机辅助判断），如炉温的走向（下料速度、透气性、出渣出铁情况等），煤气流分布情况（炉顶十字测温、炉喉煤气曲线和炉墙温度等），炉况综合判断等；炉况调节的作用和目的，上部调剂、下部调剂的概念，四大操作制度的调节原理及方法等。

（8）高炉生产组织与管理。企业的生产规模、技术和管理水平、企业精神和文化特色；高炉生产报表的填报与项目，高炉经济炼铁成本的原则，高炉生产的考核指标。

5.1.2 实习重点

（1）掌握高炉炼铁过程主体及附属系统的设备及流程情况。
（2）掌握高炉所用原燃料种类、成分及要求。
（3）掌握高炉重要技术经济指标。
（4）掌握高炉四大操作制度调节原理及相应指标。

5.2 原燃料供应

铁矿石、燃料是高炉生产的主要炉料，部分高炉可能还会添加少量其他含铁物料或熔剂。一般冶炼 1t 生铁，大约需要 1.6 ~ 1.8t 铁矿石，0.25 ~ 0.5t 焦炭，0.1 ~ 0.25t 煤粉，1700 ~ 2200m^3/t 鼓风（标态）。高炉生产的连续性要求有数量足够的原燃料供应，以维持高炉正常的生产。

5.2.1 原燃料质量要求

铁矿石可分为天然矿和人造富矿两类。一般含铁量超过 50% 的天然富矿，可以直接入炉，而含铁量、粒度不符合要求的矿石必须选矿、造块处理后才能入炉。目前，我国高炉的入炉原料以人造富矿为主体。天然矿石种类较多，常见的主要有磁铁矿（Fe_3O_4）、赤铁矿（Fe_2O_3）、褐铁矿（$mFe_2O_3 \cdot nH_2O$）和菱铁矿（$FeCO_3$）。烧结矿、球团矿和天然块矿的质量和粒度应符合表 5-1 的规定。

表 5-1 烧结矿质量要求

	炉容级别/m^3	1000	2000	3000	4000	5000
烧结矿	铁分波动/%	≤ ±0.5	≤ ±0.5	≤ ±0.5	≤ ±0.5	≤ ±0.5
	含 FeO/%	≤9.0	≤8.8	≤8.5	≤8.0	≤8.0
	转鼓指数（+6.3mm）/%	≥68	≥72	≥76	≥78	≥78
	粒度范围/mm	>50mm：≤8%；<5mm：≤5%				
球团矿	含铁量/%	≥63	≥63	≥64	≥64	≥64
	转鼓指数（+6.3mm）/%	≥86	≥89	≥92	≥92	≥92
	转鼓指数（-0.5mm）/%	≤5	≤5	≤4	≤4	≤4
	低温还原粉化率（+3.15mm）/%	≥65	≥80	≥85	≥89	≥89
	粒度范围/mm	9 ~ 18mm：≥85%；<6mm：≤5%				
块矿	含铁量/%	≥62	≥62	≥64	≥64	≥64
	热爆裂性能/%	—		≤1	≤1	≤1
	铁分波动/%	≤ ±0.5	≤ ±0.5	≤ ±0.5	≤ ±0.5	≤ ±0.5
	粒度范围/mm	>30mm：≤10%；<5mm：≤5%				

焦炭是由煤在高温下（900～1000℃）干馏而成，在高炉冶炼过程中起到发热、还原和料柱支撑的作用。尽管煤粉可以替代部分焦炭作为发热剂和还原剂，但是却无法取代其作为料柱骨架。各级别炉容对焦炭和煤粉的质量要求见表5-2。

表 5-2　焦炭质量要求

	炉容级别/m³	1000	2000	3000	4000	5000
焦炭	M40/%	≥78	≥82	≥84	≥85	≥86
	M10/%	≤8.0	≤7.5	≤7.0	≤6.5	≤6.0
	CSR/%	≥58	≥60	≥62	≥64	≥65
	CRI/%	≤28	≤26	≤25	≤25	≤25
	焦炭灰分/%	≤13	≤13	≤12.5	≤12	≤12
	焦炭含硫/%	≤0.7	≤0.7	≤0.7	≤0.6	≤0.6
	焦炭粒度范围/mm	75～25	75～25	75～25	75～25	75～30
	大于上限/%	≤10	≤10	≤10	≤10	≤10
	小于下限/%	≤8	≤8	≤8	≤8	≤8
煤粉	灰分 A，ad/%	≤12	≤11	≤10	≤9	≤9
	硫 St，ad/%	≤0.7	≤0.7	≤0.7	≤0.6	≤0.6

5.2.2　原燃料的输送

将矿槽、焦槽中经过预处理的原燃料按预定比例组成一定的料批，按规定的程序送到高炉炉顶，该流程从贮矿（焦）槽、给料机、筛分机、称量设施、料车或皮带输送机等设备到高炉炉顶装料设备前。近年来随高炉炉容的大型化，上料机多采用皮带式，只有部分中小型高炉仍然采用料车式。

通常，根据各高炉所使用的矿石种类，矿槽可分为烧结矿槽、球团矿槽、块杂矿槽、小粒度烧结矿槽等，矿焦槽的布置与上料方式、原料来源、种类、数量有关。图5-1为沙钢高炉供料系统工艺流程图。

5.2.3　原燃料的装入

送达炉顶的矿石、焦炭等炉料必须通过炉顶装料设备，才能实现在高炉横截面上按需布料。随着高压操作和高炉大型化的发展趋势，新建的4000～5000m³级巨型高炉的顶压已提高到0.2～0.3MPa，炉顶装料设备正面临越来越严峻的考验。现在，炉顶装料设备主要有钟式和无钟式两种类型。

（1）钟式炉顶。钟式装料设备根据钟的数量可分为双钟、三钟式等，如图5-2所示，主要由料斗、料钟、传动设施，以及炉顶煤气封罩等几部分组成。

（2）无钟式炉顶。无钟式装料设备可分为串罐式和并罐式，如图5-3所示。特大型高炉出现了三罐并列式布置，如日本水岛3号高炉（4359m³）、千叶6号高炉（5153m³）等。主要由受料漏斗、料仓、中心喉管、气密箱、旋转溜槽等5部分组成。

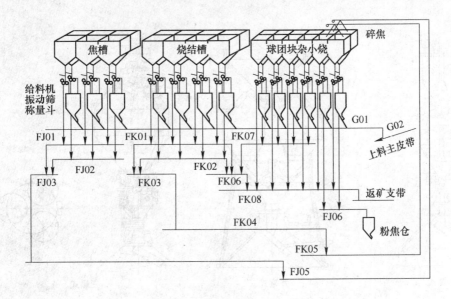

图 5-1 沙钢 5800m³ 高炉供料系统工艺流程示意图

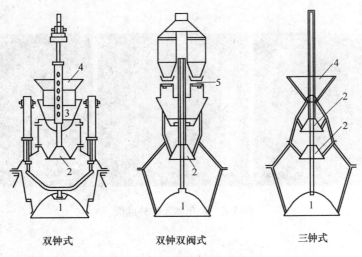

双钟式　　　　　双钟双阀式　　　　三钟式

图 5-2 钟式装料系统示意图

1—大料钟；2—小料钟；3—布料器；4—受料漏斗；5—密封阀

　　串罐式无钟炉顶装料设备采用上、下两个料罐串联的方式，实现分批向炉内装料和布料的功能。而并罐式无钟炉顶装料设备采用并列的料罐，交替向炉内装料和布料。当小粒度炉料所占比例较大时，采用三并罐式优势明显，其可以通过多批装料尽量把细粒原料布到高炉边缘，避免小粒度炉料在中心堆积。

　　（3）探料装置。探料装置的作用是准确测定料线高度，并通过仪表反映下料速度和炉况正常与否。通常可采用探料尺、放射性探测料面技术、红外线探测料面技术、激光探测料面技术和料层探测磁力仪来完成探测任务，目前较常用的是料尺和红外线探测方式。图5-4为炉顶料面红外成像，图中亮处温度较高，说明煤气流分布较多。

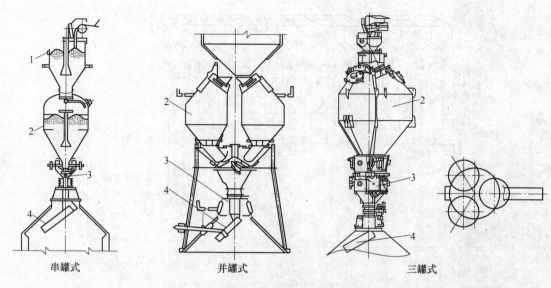

串罐式　　　　　并罐式　　　　　三罐式

图 5-3　无钟式炉顶
1—上罐；2—下罐；3—下密封阀；4—旋转溜槽

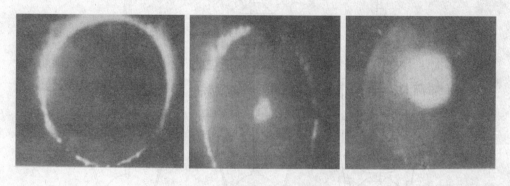

图 5-4　炉顶料面红外成像

（4）装料和布料控制。图 5-5 为炉顶控制监视画面，可以观察到装料、布料过程中参数的变化，布料的角度、环位、布料圈数、装料的顺序等信息。通过改变装料制度可以实现炉内径向方向煤气流分布的调整。

装料操作程序：二次充压阀关闭，均压放散阀开，上密封阀打开，向上罐装料，料满后，均压放散阀关闭，上密封阀关闭，一次半净煤气均压阀开，二次氮气均压阀开，即装料完毕。

布料操作程序：探料尺到达料线位，垂直探料尺提升到机械零位（水平探尺退回到原位），溜槽由等待点位置启动到达布料始点位置，下密封阀开，二次均压阀关，料流调节阀按所选开度打开，溜槽按要求旋转布料，下罐料空后，料流调节阀关闭，下密封阀关闭，二次（氮气）均压阀开，溜槽回到等待点并制动，垂直探料尺放下至料面，即布料完毕。

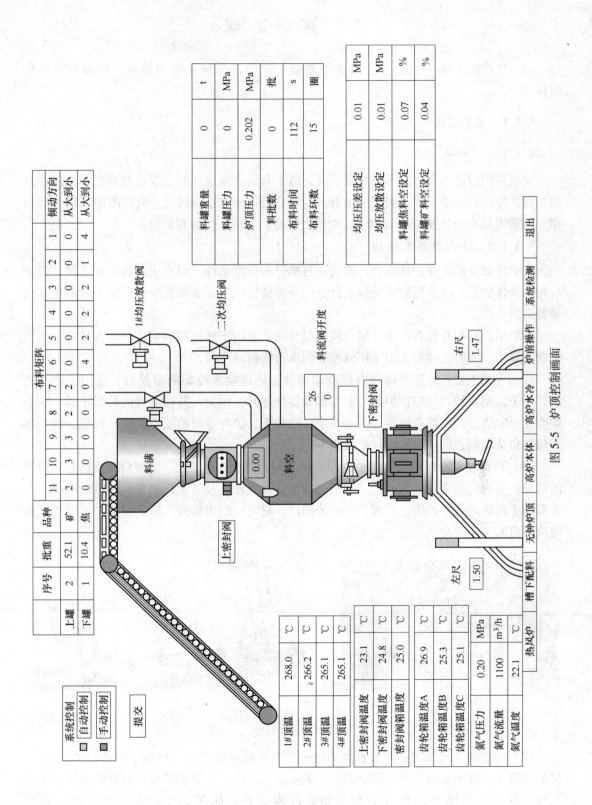

图 5-5 炉顶控制画面

5.3 高炉冶炼

炼铁生产的主体为高炉，它由高炉基础、炉壳、炉衬及冷却设备、框架和支柱等组成。

5.3.1 高炉结构

5.3.1.1 炉型

炉料在炉内由于重力的作用自动下降，遇上升的高温煤气流，发生物理化学反应和热量交换，随炉料不断下降，温度继续升高，熔化后体积缩小。因此，高炉内部形状（即炉型）逐步发展为与之相应的五段式：炉喉、炉身、炉腰、炉腹和炉缸。

5.3.1.2 冷却设备及结构

高炉冷却是形成保护性渣皮、铁壳、石墨层的重要条件，对耐火材料冷却支撑，维护合理的操作炉型，甚至当耐火材料大部分或全部被侵蚀后，能依靠冷却设备上的渣皮继续维持高炉生产。

高炉用的冷却介质有：水、风、汽水混合物。水由于其低廉的成本、较强的冷却能力被普遍采用。为防止结垢，多采用软水或纯水密闭循环冷却。

冷却方式主要有外部冷却和内部冷却两种。外部喷水冷却简单易行，适用于小型高炉，对于大型高炉，只是在炉龄晚期冷却设备烧坏时，作为一种辅助性的冷却手段，防止炉壳变形和烧穿。内部冷却可分为冷却壁、冷却板、炉身冷却模块及炉底冷却等。高炉各部位热负荷不同，所采用的冷却形式也不同。

（1）冷却壁。冷却壁设置于炉壳和炉衬之间，围绕高炉一周，实现对耐火材料和炉壳的冷却，分为光面冷却壁和镶砖冷却壁（耐磨、耐冲刷，易于生产渣皮），如图 5-6 所示。主要用于高炉炉身、炉腰、炉腹、炉缸等部位，材质一般为铸铁、铸钢或铜，其材质及性能决定着其工作寿命乃至高炉的寿命。

镶砖冷却壁

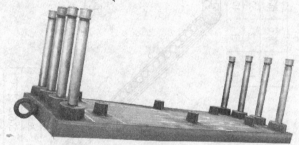
光面冷却壁

图 5-6 冷却壁

（2）冷却板。冷却板是埋设在高炉耐火砖之内的冷却器，一般用于炉腰和炉身部位，材质有铸铁、铸钢、铜质等，形状如图 5-7 所示。为缓解炉身下部耐火材料的损坏，可采用冷却板和冷却壁交错布置的板壁结合冷却结构，如图 5-8 所示。千叶 6 号高炉

（4500m³），梅山 1250m³ 高炉均采用了这种结构。

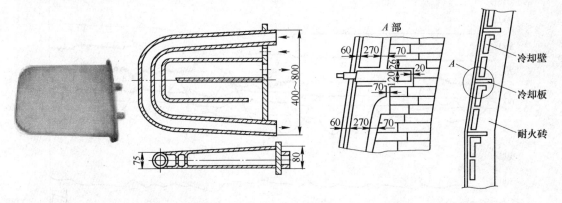

图 5-7　冷却板示意图　　　　　图 5-8　板壁结合结构

（3）炉身冷却模块。为提高炉身寿命，取消了耐火砖衬和冷却壁，将冷却水管直接焊接在炉壳上，并浇筑耐热混凝土，形成大型冷却模块。可提高炉身寿命，降低投资成本。

（4）炉底冷却。为提高炉底寿命，在炉底耐火砖砌体底面与基墩表面之间安装通风或通水冷却的无缝钢管，并用碳捣料埋入找平。一种是介质由中心往外径向辐射式的流动；另一种是介质由一侧通过平行管道流向另一侧。

5.3.2　高炉操作知识要点

图 5-9 为某高炉本体监控画面，操作者可以清楚地了解某一时刻的主要冶炼参数，如风温、风压、富氧情况、鼓风动能、风量、透气性指数等。在某一段时间内重要参数的变化情况如图 5-10 所示。通过曲线的变化趋势可以判断出高炉的炉况是否正常。

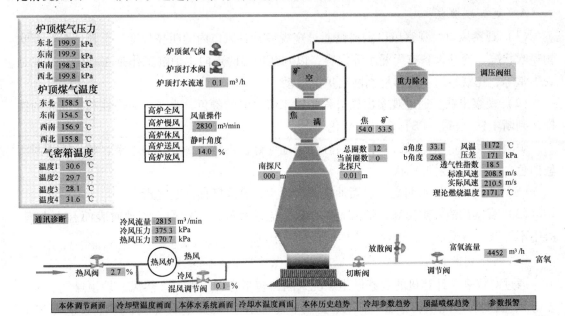

图 5-9　高炉本体监控画面

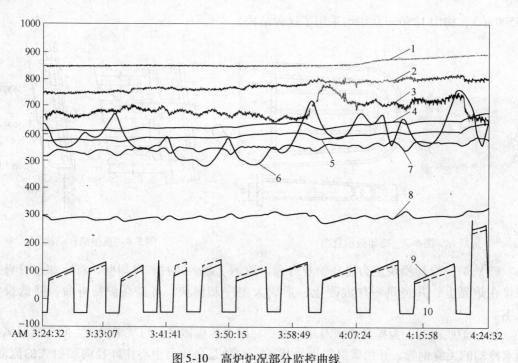

图 5-10   高炉炉况部分监控曲线

1—热风温度；2—冷风流量；3—透气性指数；4—冷风压力；5—热风压力；

6—炉顶温度；7—炉顶压力；8—全压差；9—探料尺 1；10—探料尺 2

5.3.2.1   炉况的判断

熟练地掌握综合判断高炉行程的方法与调剂规律，是一项非常重要的工作。一般观察炉况的内容是：炉况的动向与波动幅度。

A   直接观测法

（1）观察风口。观察风口主要是通过窥视镜看各风口内的明亮程度、下料情况、喷吹物喷吹状况、冷却设备有无漏水等内容，以判断炉温的走向、炉缸工作是否均匀，炉况是否失常等，比观察渣铁更早地判断出炉况波动。

（2）观察出铁。通过观察出铁过程中铁水流动时的颜色、火花、流动性和凝固后的铁样，判断生铁［Si］、［S］含量的变化。

炉温低（［Si］含量低）：铁水暗红，流动性好、不粘沟，火花细、密、矮，铁样断面呈白色，晶粒呈放射形针状。

［S］含量低：铁水明亮，表面油皮薄而稀少，铁样断面凸起光滑。

（3）观察出渣。炉温高，炉渣光亮夺目，流动性好，不粘沟，流动时表面有小火焰，渣中不带铁；碱度低，拉长丝，渣样断口呈玻璃状。

B   间接判断法

通过对仪表及计算机的观察做出炉况判断，包括各种压力表（热风、炉顶煤气、全压差等）、温度表（热风、炉顶、炉喉、炉身、冷却水等）、流量表（风、冷却水等）、料尺料速表、透气性指数表、炉顶煤气成分自动分析仪等。

5.3.2.2 正常炉况的标志

（1）风口明亮、风口前焦炭活跃、圆周工作均匀，无生降，不挂渣，风口烧坏少。

（2）炉渣热量充沛，渣温合适，流动性良好，渣中不带铁，上、下渣温度相近，渣中 FeO 含量低于 0.5%，渣口破损少。

（3）铁水温度合适，前后变化不大，流动性良好，化学成分相对稳定。

（4）风压、风量和透气性指数平稳，无锯齿状。

（5）高炉炉顶煤气压力曲线平稳，没有较大的上下尖峰。

（6）炉顶温度曲线呈规则的波浪形，炉顶煤气温度一般为 150～350℃，炉顶煤气四点温度相差不大。

（7）炉喉、炉身温度各点接近，并稳定在一定的范围内波动。

（8）炉料下降均匀、顺畅，没有停滞和崩落的现象，探尺记录倾角比较固定，不偏料。

（9）炉喉煤气 CO_2 曲线呈对称的双峰型，尖峰位置在第二点或第三点，边缘 CO_2 与中心相近或高一些；混合煤气中 CO_2/CO 的比值稳定，煤气利用良好。曲线无拐点。

（10）炉腹、炉腰和炉身各处温度稳定，炉喉十字测温温度规律性强，稳定性好。冷却水温差符合规定要求。

5.4 送风系统

高炉送风系统是为高炉冶炼提供足够数量和高质量风的鼓风设施，包括鼓风机、热风炉、送风管道以及管道上的阀门等。

5.4.1 鼓风机

高炉鼓风机是高炉的心脏，是高炉冶炼最重要的动力设备。它不仅直接为高炉冶炼提供所需要的氧气，而且还为炉内煤气流向上运动时克服料柱阻力提供必需的动力。高炉用鼓风机的型式主要是离心式和轴流式，大型高压高炉多采用轴流式鼓风机，并向全静叶可调式发展，驱动系统也由汽轮机逐渐向同步电动机转变，但在中、小型高炉上仍然以离心式鼓风机为主。

5.4.2 热风炉类型

高风温是强化高炉冶炼、降低焦比的重要措施。蓄热式热风炉是实现高风温的换热设备。按燃烧室所处位置不同，蓄热式热风炉分为内燃式、外燃式和顶燃式三种类型，结构特征如图 5-11 所示。内燃式热风炉的热损失较小、结构简单、占地面积小、投资少，过去被我国高炉普遍采用，但其蓄热室内气流分布不均、隔墙结构复杂并容易损坏，难以适应长期 1300℃ 高风温要求，因此，部分大型高炉采用了蓄热室气流分布合理、热风温度高的外燃式热风炉，尽管其结构复杂、占地面积大、投资费用高、散热损失多。顶燃式热风炉在这两种热风炉的基础上，取其精华，去其糟粕，将拱顶作为燃烧室，更易获得 1200℃以上的高风温，因此，正在逐渐受到大型高炉的青睐。首钢京唐 $5500m^3$ 高炉采用 BSK 式新型顶燃式热风炉，获得1300℃风温，与国外大高炉普遍应用的外燃式热风炉相比，提高风温50℃，节省投资30%。

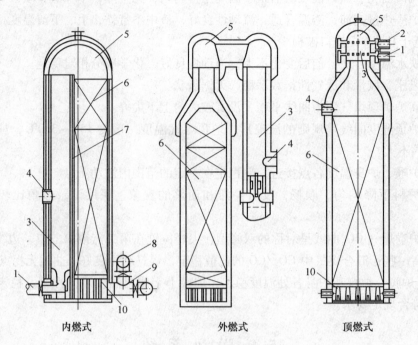

内燃式   外燃式   顶燃式

图 5-11   热风炉类型

1—煤气管道；2—助燃空气管道；3—燃烧室；4—热风出口；5—拱顶；
6—蓄热室；7—隔墙；8—冷风管道；9—烟道；10—炉箅子和支柱

5.4.3   热风炉操作要点

热风炉的燃烧制度有三种：固定煤气量调节空气量，固定空气量调节煤气量，煤气量和空气量都调节。其调火原则是以煤气压力为参考，以煤气流量为依据，调节空气量和煤气量为手段，使空气过剩系数在 1.05 ~ 1.10 左右，达到炉顶温度上升的目的。在烧炉过程中要经常观察，并判断燃烧状况，及时调节空气、煤气配比，达到合理燃烧，判断是否合理燃烧的方法有两种，废气分析法和火焰观察法。废气分析法是取热风炉烟道废气进行分析；火焰观察法是根据空气、煤气的配比不同观察火焰状况，即空气、煤气配比合适时，火焰中心黄色、四周微蓝、透明清晰、可见燃烧室对面砖墙；空气量过多时，火焰天蓝色、明亮耀眼、燃烧室也清晰可见、但发暗；煤气量过多时，火焰暗红、混浊不清、看不见燃烧室炉墙。

热风炉根据座数采用不同的送风制度，高炉配备三座热风炉时，送风制度有两烧一送、一烧两送和串并联交叉送风三种；配备四座热风炉时，有三烧一送、并联送风和交叉并联送风三种。图 5-12 为三座热风炉的操作界面。

换炉操作包括燃烧转送风操作和送风转燃烧操作。燃烧转送风操作是指先停烧后送风，即关煤气调节阀、关空气调节阀、关煤气闸板阀、关燃烧闸板阀、开煤气放散阀、关烟道阀、开送风小门或冷风旁通阀、在一定时间之后热风炉与冷风管道内的冷风接近均压时，打开冷风阀、开热风阀，开混风调节阀调节风温。送风转燃烧操作是指先停止送风后燃烧，即关冷风炉、关热风阀、开废气阀、开烟道阀和关废气阀、开燃烧闸板阀、开煤气闸板阀、小开稳开煤气调节阀、点燃煤气、关煤气放散阀、启动鼓风机、大开煤气调节阀。

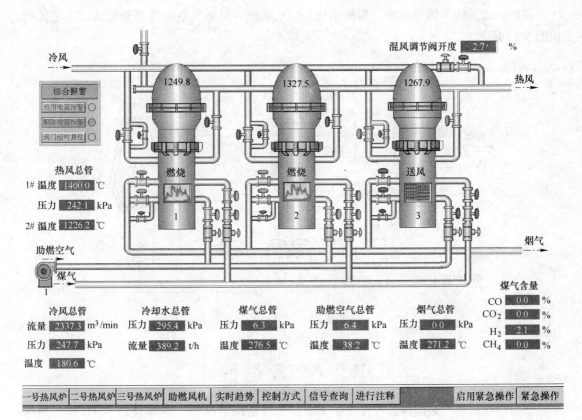

图 5-12　热风炉操作界面

5.5　喷吹系统

高炉喷吹系统，是在高炉采用高风温和富氧鼓风时，向炉缸喷吹燃料，以达到节焦降耗目的的系统。喷吹技术的发展增强了高炉炼铁工艺与新型非高炉炼铁工艺竞争的力量，缓解了炼铁生产受到资源、投资、成本、能源、环境、运输等多方面限制的压力，成为炼铁系统工艺结构优化、能源结构变化的核心。

5.5.1　燃料的种类和性质

天然气、焦炉煤气、重油、焦粉、煤等均可作为高炉喷吹的燃料，目前我国高炉主要以喷吹粉煤为主。尽管粒煤喷吹有诸多优点，但是目前还没有开发出适合我国高炉的粒煤喷吹技术。

一般喷吹入高炉的粉煤为烟煤和无烟煤的混合物。烟煤挥发分含量较高、易于燃烧、H_2 含量较高，且易磨、输送速度快，但是容易爆炸。而无烟煤刚好相反，安全性高，但是燃烧性略差、硬度大，因此，将二者混合起来喷吹可以扬长避短。

5.5.2 工艺流程

高炉喷煤系统由供煤系统、制粉系统、喷吹系统、热烟气系统等部分组成。工艺流程如图 5-13 所示。

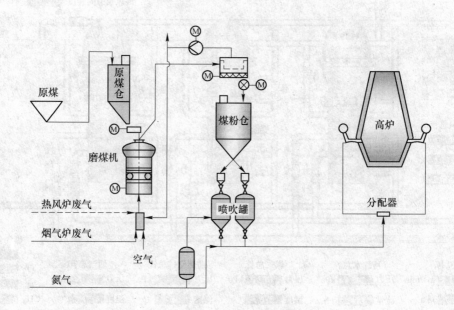

图 5-13 高炉喷煤工艺流程图

高炉喷吹用煤粉必须保证粒度小于 200 目的含量高于 60%，含水量低于 1.5%。为保证煤粉满足喷吹要求，通常采用磨煤设备对原煤进行处理，比较常见的是中速磨。磨制好的煤粉送入布袋收集器进行气粉分离后卸入煤粉仓。当高炉送达喷吹指令后，煤粉被装入喷吹罐，沿管线喷入高炉。

5.6 煤气除尘系统

高炉煤气可作为热风炉、烧结点火和锅炉的燃料。但是，荒煤气含尘量一般为 6 ~ 12g/m³，少数甚至更高，因此，必须对其进行净化处理。通常要求净煤气含尘量应低于 5mg/m³，机械水含量不应大于 7mg/m³，温度低于 40℃。

目前，高炉煤气从炉内出来后，首先通过一个重力除尘器或旋风除尘器进行粗除尘，然后进入湿式除尘器（洗涤塔和文氏管）或干式除尘器（布袋或电除尘）进行精细除尘。常见的工艺主要有布袋除尘工艺（见图 5-14（a）），环缝洗涤工艺（俗称比肖夫煤气清洗工艺，见图 5-14（b））、双文工艺（见图 5-14（c））和塔文工艺（见图 5-14（d））等。现在国内外大型高炉煤气清洗主要采用串联双文系统和比肖夫洗涤塔系统，而干式布袋除尘是一种发展趋势。

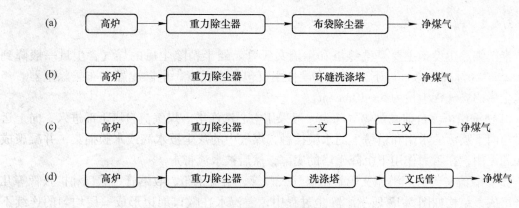

图 5-14　煤气除尘流程示意图

（a）布袋除尘工艺；（b）环缝洗涤工艺；（c）双文工艺；（d）塔文工艺

5.6.1　粗除尘设备

粗除尘设备主要是重力除尘器和轴流旋风除尘器。从高炉出来的荒煤气首先经过粗除尘设备，除去粒径较大的灰尘，除尘后的煤气含尘量一般为 $5g/m^3$ 以下。

（1）重力除尘器。煤气经中心导入管后，流速突然降低且转向180°，使煤气中的大粒径粉尘在重力和惯性力作用下沉降于除尘器的底部，通过清灰阀和螺旋清灰器定期排出，构造如图5-15所示。

（2）轴流旋风除尘器。它利用粉尘随气流旋转时产生的离心力，使粉尘从气流中分离出来，除尘效率比重力除尘器高，能分离的粉尘粒度也更小。除尘器结构如图5-16所示。通常，以旋风除尘器代替重力除尘器或在已有的重力除尘器之后增加一个旋风除尘器，除尘效率可提高至80%~85%。

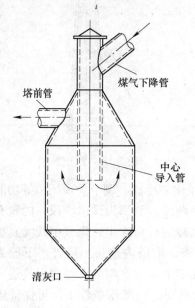

图 5-15　重力除尘器结构

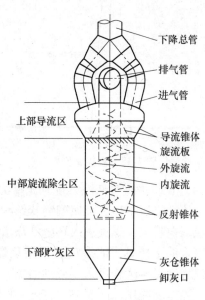

图 5-16　轴流旋风除尘器结构

5.6.2　精除尘设备

半精细除尘设备主要是洗涤塔和溢流文氏管。经半精除尘后的煤气含尘量一般降到 $500mg/m^3$（标准状态）以下。精除尘设备主要包括文氏管、电除尘器和布袋除尘器。经精除尘后的煤气含尘量为 $5 \sim 10mg/m^3$。

（1）洗涤塔。目前高炉煤气除尘一般采用空心洗涤塔。煤气流自塔下部进入，向上运动时与向下喷洒的水滴和塔壁上的水膜接触，煤气中的灰尘被水滴或水膜捕集，并凝聚成较大的泥团，在重力作用下沉降于塔的底部，然后被水流带走。

（2）溢流文氏管。溢流文氏管由煤气入口管、溢流水箱、收缩管、喉口和扩张管等几部分组成，结构如图 5-17 所示。除尘过程中，溢流水在喉口周边形成一层均匀的连续不断的水膜，避免了灰尘在喉口壁上积聚，同时降温以保护文氏管。当高速煤气通过喉口时，与水剧烈冲击，使水雾化，与煤气接触更加充分，使粉尘颗粒被润湿聚合，并随水排出，同时煤气温度得以降低。

（3）文氏管。文氏管由收缩管、喉口、扩张管三部分组成，一般在收缩管前设两层喷吹管，在收缩管中心设一个喷嘴，结构如图 5-18 所示。

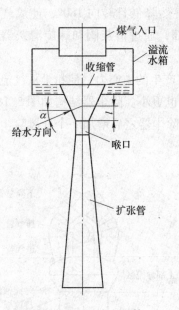

图 5-17　溢流文氏管

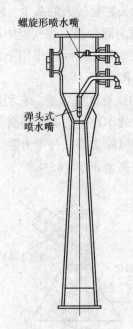

图 5-18　文氏管

（4）比肖夫煤气清洗系统。比肖夫系统将煤气净化、冷却、调节炉顶压力等功能集于一体。该洗涤塔本体为金属圆筒状结构，塔体可分为两段：上部为预清洗段，内设有多层单向或双向喷嘴，煤气进入环缝洗涤塔上部被雾化水冷却、粗除尘，煤气中较大直径的尘粒被喷入的水捕集，依靠重力作用从煤气中分离出来，沿塔内壁排出塔外。下段为洗涤段，煤气通过导流管进入环缝洗涤器，在环缝洗涤器的上方设有喷嘴，半净煤气进一步被冷却、除尘和减压。图 5-19 为环缝洗涤塔的结构示意图，在降压条件下，可保证煤气含尘总量低于 $5mg/m^3$。

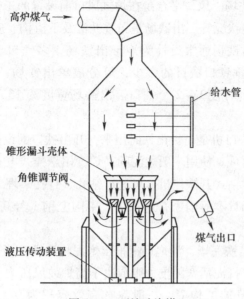

图 5-19　环缝洗涤塔

（5）布袋除尘器。当煤气经过布袋时，灰尘被布袋过滤，截留在纤维体上，而气体通过布袋继续运动。布袋除尘器的结构如图 5-20 所示。

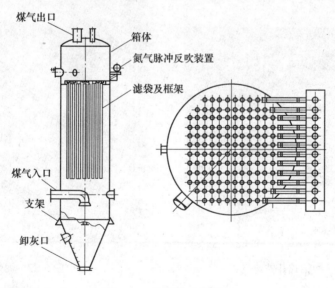

图 5-20　布袋除尘器简图

5.7　渣铁处理系统

炉前操作指标包括出铁正点率、铁量差、铁口深度合格率和上渣率等。渣、铁处理系统的设施主要包括：风口平台与出铁场、开铁口机、泥炮、堵渣口机、渣铁分离器以及炉渣处理设备等。

（1）风口平台与出铁场。风口平台是在炉缸风口前设置的工作平台。用以检修、更换风口，观察高炉内部燃烧状况等。出铁场是布置铁沟及下渣沟、安装炉前设备、进行出渣出铁操作的工作平台。出铁场通常设计为矩形出铁场，多铁口也有采用环形出铁场的，如武钢 3200m³ 高炉。根据铁口数目的多少，可分成单出铁场、双出铁场、三出铁场和四出铁场。一个出铁场内可设 1~2 个铁口。出铁场宽度约 15~30m，长度取决于渣铁罐位数。

（2）开铁口机。开铁口机是高炉出铁时用来打开出铁口的设备，开铁口机按其动作原理分为钻孔式和冲钻式两种。使用一般炮泥的高炉，用悬挂式电动或液压钻孔式，大型高炉使用优质炮泥，选用冲钻式开铁口机，可进行钻孔、打孔、埋入和拔出钢棒等作业，保证铁口深度稳定，西欧和日本等国家普遍采用，中国宝钢 1 号高炉也在采用。图 5-21 为开铁口机的示意图。

（3）泥炮。高炉在出铁完毕，泥炮迅速推出炮泥将出铁口堵住。其泥缸的有效容积应大于出铁口孔通道容积，打泥活塞的推力则取决于高炉鼓风压力、炮泥性能、炉缸内液态渣铁的压力以及泥炮本身的结构等。一般泥缸有效容积为 0.1~0.3m³，推力为 294~5884kN。宝钢 4063m³ 高炉液压泥炮的泥缸容积为 0.3m³，推力为 5884kN。泥炮驱动装置有汽动、电动和液压三种形式。汽动泥炮已淘汰。液压泥炮推力大，结构紧凑，高度低。图 5-22 为泥炮示意图。

图 5-21　冲钻式开铁口机

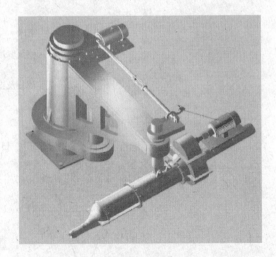

图 5-22　泥炮

（4）堵渣口机。上渣出完后用以堵塞渣口。有电动四连杆式和液压折叠式两种。前者简单、可靠，但外形庞大，影响风口平台区操作空间，而后者为机械化更换风口装置创造了条件。

（5）渣铁分离器。渣铁分离器（又名撇渣器），位于主铁沟的端部，用铁沟泥或更高级的耐火泥料等耐火材料捣打成槽，在槽中设置一块大闸板，如图 5-23，由于铁水密度大于熔渣，铁水能通过大闸板下面的通道流入支铁沟，而熔渣则浮于铁水之上不能通过，被大闸板挡向渣坝，流入下渣沟。

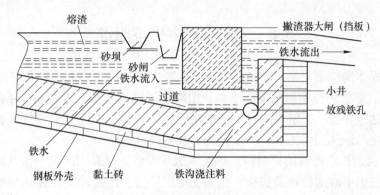

图 5-23　撇渣器的结构示意图

（6）炉渣处理设备。炉渣处理设备随处理方法的不同而不同，常用的炉渣处理方法如下：

1）拉萨（RASA）法。熔渣由渣沟流入冲制箱，与压力水相遇进行水淬。水淬后的渣浆在粗粒分离槽内浓缩、浓缩后的渣浆由渣浆泵送至脱水槽，脱水后水渣外运。脱水槽出水（含渣）流到沉淀池，沉淀池出水循环使用。水处理系统设有冷却塔设置液面调整泵，用以控制粗粒分离槽水位。

2）底滤（OCP）法。底滤法是目前国内采用最多的，其工艺过程为：高炉炉渣在冲制箱内由多孔喷头喷射的高压水进行水淬后，水淬渣流经粒化槽进入沉渣池。沉渣池中水渣由抓斗抓出，堆放干渣场继续脱水。沉渣池内的水及悬浮物由分配渠流入过滤池。过滤池内铺设砾石过滤层并设型钢保护。过滤后的冲渣水经集水管由泵加压后送入冷却塔冷却后重复使用。水量损失由新水补充。

3）因巴（INBA）法。与铁水分离后的炉渣，经渣沟进入炉渣粒化区，冲制箱内的高速水流使其水淬粒化冷却，经水渣槽进一步粒化和缓冲之后，流入转鼓内的水渣分配器，被均匀分配到转鼓过滤器中。在转鼓下半周滤去部分水后，被叶片刮带随筒边旋转边自然脱水，转至转鼓上半周处时，渣落至伸入鼓内的皮带之上。

4）图拉（TYNA）法。炉渣经渣沟流嘴落至高速旋转的粒化轮上被机械破碎、粒化，粒化后的炉渣颗粒在空中被水冷却、水淬，渣粒在抛物运动中，撞击挡渣板二次破碎。渣水混合物落入脱水转鼓的下部继续进行水淬冷却。

5）明特（MTC）法。核心设备由一台特殊设计和制造的螺旋输送机和一台过滤器组成。螺旋输送机呈 10°～20°倾角安装在水渣池内，随着螺旋输送机的转动，其螺旋叶片将水渣池底部的水渣向上输送，水则靠重力和渣的翻动挤压两重作用向下回流，从而达到渣水分离和脱水的目的。水渣经脱水离开螺旋输送机的 U 型槽后，通过皮带系统输送至水渣堆场，如图 5-24 所示。

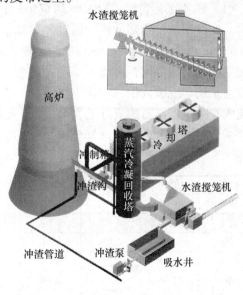

图 5-24　明特法高炉水渣处理系统示意图

5.8 高炉车间各岗位职责

高炉车间操作岗位主要是：炉长、工长、瓦斯工、热风工、上料工和炉前工等。

（1）炉长。炉长主持本炉的全面工作，组织职工完成厂里下达的各项经营计划，协调各班工作，传达领导指示，解决生产中的疑难问题，对职工进行安全和技术教育。分析总结生产情况，使高炉达到优质、高产、低耗、长寿的目的。

（2）工长。工长掌握入炉原燃料、炉况发展，设备、仪表、微机工作及计量器具等情况，负责本班高炉事故的处理及操作，指导瓦斯工操作，帮助其提高理论与操作水平。负责本班的安全工作和对外协调、联系工作。

（3）瓦斯工。瓦斯工检查炉前所有工作是否具备出铁条件，指挥炉前出铁。负责记录操作日志，检查仪表运转情况。分析高炉炉况，配合工长进行高炉操作。

（4）热风工。热风工负责烧炉、换炉，达到高炉所需风温和风压波动，负责本班设备点检及设备维护保养工作，完成操作日志及设备点检的记录，及时处理设备故障等。

（5）上料工。上料工负责将炉料及时、保质、保量装入指定料仓。负责相关设备的点检、操作及维护。设备检修时，负责现场配合和试车验收。负责填写作业日志和检修记录。

（6）炉前工。炉前工完成高炉放渣、出铁过程，保证高炉连续均衡、稳定生产，完成风、渣口套的更换，主沟、副沟的捣制和修补，完成出铁、放渣后的炉前准备工作及炉前设备的点检。

5.9 高炉生产实例

5.9.1 普通矿高炉冶炼

（1）基本工艺流程。3200m^3高炉炉后供料系统采用了烧结矿分级入炉和小焦回收的技术。在矿槽前设置筛分楼，通过大型烧结矿分级筛将烧结矿分为 0~3mm、3~12mm 和 12~50mm 三个级别，0~3mm 的烧结粉矿返回至烧结厂，另外两个级别的烧结矿分别运至相应矿槽装槽待用；将槽下筛出的碎焦（小于 30mm）进行筛分，10~30mm 的小焦与大粒度烧结矿混装入炉，实现小焦回收，节能降耗，小于 10mm 的粉焦贮存在粉焦仓，定期装火车外运。矿石的成分见表 5-3。焦炭灰分约为 12.7%~13.7%，M40 为 78%~80%，M10 为 7%~8%，热强度为 56%~65%。

表 5-3 矿石成分分析

矿种	$w(TFe)$%	$w(Al_2O_3)$%	$w(CaO)$%	$w(MgO)$%	$w(SiO_2)$%	$w(FeO)$%	$w(S)$%	R_2
烧1	56.72	2.07	9.53	2.36	4.88	7.72	0.036	1.953
烧2	56.27	2.02	9.03	2.52	4.82	7.25	0.030	1.866
鄂球	64.79	1.73	0.71	0.54	3.32	0.45	0.010	0.214
南非矿	65.68	1.25	0.03	0.044	3.90	0.24	0.027	0.008
海南矿	63.15	0.09	0.06	0.043	6.31	0.04	0.327	0.010
澳矿	64.51	1.56	0.20	0.047	2.50	0.27	0.016	0.080

为了提高炉顶压力、灵活布料、控制煤气流、保护内衬、降低能耗和提高产量，设计选用 PW 型并罐无料钟炉顶，液压驱动上、下密封阀和料流调节阀。

采用带陶瓷燃烧器的 3 座改进型高温内燃式热风炉，炉壳直径为 11.2m，燃烧器的尺寸为 5400mm×450mm，预热器的温度为 180℃。

高炉采用陶瓷杯技术与炭砖水冷薄炉底结构、砖壁合一薄炉衬、全冷却壁带 3 段铜冷却壁结构，冷却壁水温差的合理控制范围为 3.5~4.5℃，软水总流量控制在 5000m³/h，进水温度控制在 38~42℃之间。炉型尺寸见表 5-4。

表 5-4 3200m³ 高炉炉型尺寸

直径/mm			高度/mm					
炉缸	炉腰	炉喉	炉喉	炉身	炉腰	炉腹	炉缸	死铁层
12400	13900	9000	2400	17900	2000	3500	5000	2500

炉腹角		炉身角	风口数	铁口数	渣口数	有效高度/mm	高径比
77°54′19″		82°12′23″	32	4	0	30800	2.216

采用轴流旋风粗除尘设备与比肖夫处理系统进行煤气净化处理。

煤粉制备系统采用两个制粉系列，选用中速磨煤机 2 台，实现 40.3t/h，一级高浓度低压脉冲长袋除尘器作为收粉设备，按高炉日产铁 7360t/d、煤比 250kg/t 设计，需喷煤量 76.7t/h。配置一个喷吹系列，采用双罐并列、单管路 + 炉前煤粉分配器工艺。

高炉采用环保型 INBA 炉渣粒化系统，备用干渣坑。2 个铁口合用 1 套，共设 2 套。环形出铁场、全自动液压泥炮、直进开口机与揭盖机。

（2）装料制度。炉料结构：64% 烧结矿 + 26% 球团矿 + 10% 生矿。

入炉矿石品位为 60% 左右，渣量 280kg/t 以下，提高了料柱的透气透液性。当原燃料条件较好，风速达到 225m/s 以上时，布料矩阵为 $C_{222222}^{987651} \downarrow O_{433222}^{1098765} + C \downarrow O \downarrow O_{S \, 33}^{109} \downarrow$。

（3）送风制度。风温 1120℃，富氧率 5%，理论燃烧温度 2200~2300℃，热风压力 0.395MPa，炉顶压力 0.23MPa，风量 5950m³/min。

（4）热制度。铁水温度为 1500~1530℃，充足的物理热，既可以活跃炉缸，增加炉渣的脱硫能力，又可以改善炉渣的流动性。$w(Si)$ 为 0.45~0.65%。

（5）造渣制度。炉渣成分见表 5-5。

表 5-5 炉渣成分

$w(Al_2O_3)$/%	$w(CaO)$/%	$w(MgO)$/%	$w(SiO_2)$/%	$w(FeO)$/%	$w(MnO)$/%	$w[S]$/%	R_2
17.19	34.73	9.43	30.00	0.38	0.25	0.84	1.16

（6）主要技术经济指标。焦比为 310kg/t，煤比为 160kg/t。

5.9.2 特殊矿高炉冶炼

中国拥有丰富的钒钛矿资源，钒钛磁铁矿冶炼存在着入炉品位低、渣量大，渣铁黏度大、出渣出铁困难等特点，冶炼技术在小型高炉和中型高炉上基本成熟，但在大型高炉该技术还处于探索阶段。

（1）基本工艺流程。2500m³ 高炉是国内外冶炼钒钛矿容积较大的高炉，采用 3 座旋流顶燃式热风炉（使用新型燃烧器），2 座预热炉；矿焦槽大容积，上料皮带小倾角长距离运输；并罐式无钟炉顶；全干式布袋除尘工艺（无重力除尘器），净煤气含尘量平均在 4mg/Nm³ 以下；采用自创炉渣处理工艺，解决了炉渣黏稠、带铁多、跑大流、易引发爆炸的问题；炉身双层静压；炉腹、炉腰、炉身中下部四层铜冷却壁；煤气在线分析等设计。4 个铁口，30 个风口。烧结矿中的 FeO 为 8%~9%，入炉矿石的成分见表5-6，焦炭成分见表5-7，煤粉成分见表5-8。

表5-6 入炉矿石成分

入炉矿石成分	TFe	CaO	SiO₂	MgO	TiO₂	V₂O₅	FeO
含量/%	57.21	6.67	4.71	1.83	2.76	0.37	6.00

表5-7 焦炭化学分析

成分	灰分/%	固定碳/%	反应性/%	水分/%	挥发分/%	硫分/%	比例/%
一级	11.75	86.69	26.08	8.86	1.45	0.62	0.7
二级	12.49	86.00	28.85	7.83	1.44	0.7	0.3
入炉焦	11.97	86.49	26.91	8.55	1.44	0.64	1.0

表5-8 煤粉化学分析

成分	灰分/%	固定碳/%	发热量/%	水分/%	挥发分/%	硫分/%	比例/%
烟煤	9.54	55.53	22.13	17.64	35.88	0.45	0.6
无烟煤	7.07	84.23	29.77	8.34	8.74	0.36	0.4
入炉煤粉	8.55	67.01	25.19	13.92	25.02	0.41	1.0

（2）装料制度。烧比69.16%、球比30.84%，焦丁比26.8kg/t、矿石单耗1646.7kg/t。布料矩阵：$O_3^{39°} {}_3^{37°} {}_3^{35°} {}_3^{33°} {}_2^{30°} C_3^{39°} {}_3^{37°} {}_3^{34.5°} {}_3^{32°} {}_2^{29°} {}_3^{26°}$。

（3）送风制度。风量 4950~5000m³/min，鼓风动能（14500±500）J，风速 245~250m/s，氧量8000m³/h，吨铁风量1380 m³/t。顶压 235~240kPa，风温达到 1220℃。

（4）热制度。铁水温度长期保持在 1470~1490℃ 之间，满足低硅钛冶炼的要求。铁水成分见表5-9。2013 年高炉平均（$w[Si]_\% + w[Ti]_\%$）为 0.36%。

表5-9 铁水成分

铁水成分	C	S	Si	P	V	Ti	Si+Ti	Cr	Mn	Fe
含量/%	4.62	0.048	0.30	0.06	0.26	0.27	0.57	0.13	0.17	93.57

（5）造渣制度。炉渣碱度为 1.12。炉渣成分见表5-10。

表5-10 炉渣成分

炉渣成分	CaO	MgO	SiO₂	Al₂O₃	TiO₂	V₂O₅	TFe	S
含量/%	32.31	9.91	28.87	12.40	9.20	0.14	1.22	0.70

（6）技术经济指标。日产铁量 5800t/d，焦比 412kg/t、煤比 130kg/t、吨铁渣量 362kg/t，煤气成分见表5-11，煤气利用率达到 44%。

表 5-11　煤气成分

煤气成分	CO	CO$_2$	N$_2$	H$_2$	利用率
含量/%	25.64	20.18	52.59	1.59	44.06

复习思考题

5-1　高炉炼铁生产工艺流程是什么？

5-2　高炉采用何种原燃料，炉料结构如何？

5-3　高炉采用何种炉顶装料设备？装料制度（料线、批重、装料顺序或布料角度和份数）如何？

5-4　高炉主要技术经济指标和操作参数如何？

5-5　渣铁分离器的工作原理是什么，如何判断铁水已出净？

5-6　高炉顺行的标志是什么？

5-7　高炉各部位采用什么样的炉衬材质和冷却设备？

5-8　煤气除尘系统工艺流程是怎样的，净煤气含尘量是多少？

6 转炉炼钢实习

转炉炼钢是氧化过程，是在转炉中以铁水、废钢、铁合金为主要原料，不借助外加能源，靠铁液本身的物理热和铁液组分间化学反应产生热量来完成的炼钢过程。转炉按耐火材料分为酸性和碱性，按气体吹入炉内的部位有顶吹、底吹和侧吹；按气体种类分为空气转炉和氧气转炉。碱性氧气顶吹和顶底复吹转炉由于其生产速度快、产量大、单炉产量高、成本低、投资少，成为目前使用最普遍的炼钢设备。冶炼出的钢水进入精炼工序，转炉煤气可单独作为工业窑炉的燃料，也可和焦炉煤气、高炉煤气、发生炉煤气配合成各种不同热值的混合煤气使用。

6.1 实 习 内 容

6.1.1 实习知识点

（1）炼钢的原材料。铁水的供应方式、铁水脱硫预处理方法（KR 法或喷粉法）、脱硫剂种类、铁合金的种类、作用和供应系统；废钢的作用和加入方法、废钢比，熔剂和其他冷却剂的种类与效果，对氧气质量的要求等。

（2）炼钢设备与车间布置。转炉的公称容量、炉型尺寸，炉体倾动机械的配置形式，氧枪的结构，喷头的结构和尺寸，散装料种类及料斗的个数、散装料的上料装置，炉气净化系统的设备，转炉底吹气体的种类及其管路系统，转炉副枪的结构与作用，炼钢车间的废水、废渣、废热的处理，炼钢车间主厂房的布置，原料运输铁路线的设置等。

（3）转炉炼钢工艺。装料的次序、装料中不同钢种的废钢比、氧压与枪位变化的关系、供氧强度、耗氧量、吹氧时间、造渣方法和温度控制，渣料加入方法、数量与时间、出钢时间、挡渣方法、合金加入次数和时间、合金回收率及加入数量的确定。

（4）转炉生产组织与管理。转炉生产在炼钢厂的地位和协调衔接作用、铁水消耗的合理控制、转炉生产报表的项目与填报、转炉生产成本构成和计算、转炉生产的考核指标。

6.1.2 实习重点

（1）掌握转炉炼钢的原材料及其技术要求。

（2）掌握铁水预处理的方法和工艺参数。

（3）掌握转炉炉体、供氧系统、炉体倾动系统、烟气净化系统、散状料供应系统的组成和设备结构。

（4）掌握实习工厂主炼钢种的冶炼工艺，包括装入制度、供氧制度、造渣制度、温度制度、终点控制、脱氧制度。

（5）掌握转炉中控室的控制界面及主要功能。

6.2 铁水预处理

铁水预处理是指将铁水兑入炼钢炉之前脱除杂质元素或回收有价值元素的一种铁水处理工艺，包括铁水脱硅、脱硫、脱磷（俗称"三脱"），以及铁水提钒、提铌、提钨等。目前我国很多钢厂都采用了铁水预脱硫处理，甚至铁水三脱处理、提钒、提铌、提钨等，尤其是对于生产超低硫、超低磷钢种的转炉炼钢车间。

6.2.1 铁水预脱硅

研究表明，铁水中硅含量为 0.3% 即可保证化渣和足够高的出钢温度，硅过多反而会恶化技术经济指标。因此，有必要开展铁水预脱硅处理。

脱硅剂以能够提供氧源的氧化剂材料为主，以调整炉渣碱度和改善流动性的熔剂为辅。如日本福山厂脱硅剂组成为铁皮 0 ~ 100%、石灰 0 ~ 20%、萤石 0 ~ 10%；日本川崎水岛的脱硅剂为烧结矿粉 75%、石灰 25%。脱硅生成的渣必须扒除，否则影响下一步脱磷反应的进行。

目前铁水预脱硅方法按处理场所不同，可分为高炉出铁场铁水沟内连续脱硅法和铁水罐（或鱼雷罐车）内脱硅两种，其中高炉出铁场是主要炉外脱硅场所。

6.2.2 铁水预脱硫

除易切削钢外，硫是影响钢的质量和性能的主要有害元素，直接决定着钢材的加工性能和适用性能。铁水脱硫可在高炉内、转炉内和高炉出铁后脱硫站进行。高炉内脱硫技术可行，经济性差；转炉内缺少还原性气氛，因此脱硫能力受限；而进入转炉前的铁水中脱硫的热力学条件优越（铁水中 [C]、[P] 和 [Si] 含量高使硫的活度系数 f_S 增大，铁水中 a_S 比钢液中高 3 ~ 4 倍），性价比高，成为脱硫的主要方式。

6.2.2.1 脱硫剂

工业上采用的铁水脱硫剂主要有两类：一类是以石灰基为主，如石灰（CaO），电石（CaC_2）等；另一类是纯镁或镁基脱硫剂（配加石灰、电石、焦炭等）。虽然镁的价格较高，但脱硫效果好、用量少、综合成本低。脱硫剂的形状随加入方式的不同而变化，可制成粉末、细粒、团块、锭条、镁焦等各种形状。

6.2.2.2 铁水预脱硫的方法及设备

按照加入方式和铁水搅拌方式不同可分为铺撒法、摇包法、机械搅拌法、喷粉法、喂线法等，其中 KR 搅拌法和喷粉法使用广泛。经脱硫预处理后铁水的硫含量不应高于 0.015%，生产超低硫钢种用的铁水不应高于 0.005%。

A KR 搅拌法

在铁水罐内通过搅拌器旋转搅动铁水，使铁水产生旋涡，将加入的脱硫剂卷入铁水内部进行充分反应，从而实现铁水脱硫，具有脱硫效率高、脱硫剂耗量少、金属损耗低等特点。设备配置示意图如图 6-1 所示。

武钢二炼钢铁水条件和 KR 脱硫工艺参数如表 6-1 所示，脱硫操作各工序作业时间和工艺流程如图 6-2 所示。

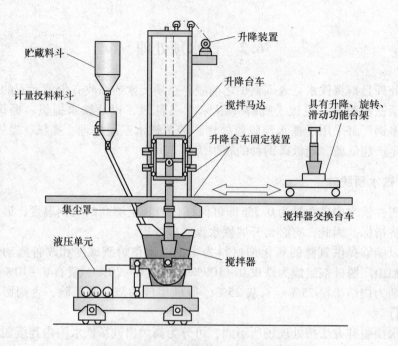

图 6-1　铁水搅拌法脱硫装置示意图

表 6-1　铁水条件及脱硫工艺参数

铁水条件	条件参数	脱硫工艺参数	条件参数
铁水温度	1300℃	处理时间	10 ~ 15min
w [S]	≤0.060%	搅拌器旋转速度	90 ~ 120r/min
渣层厚度	<50mm	搅拌器浸入铁水深度	1300mm
每次处理重量	75 ~ 85t/罐	处理后 w [S]	≤0.005%
		总工序时间	35 ~ 50min（平均 42min）
		过程温降	约 45℃

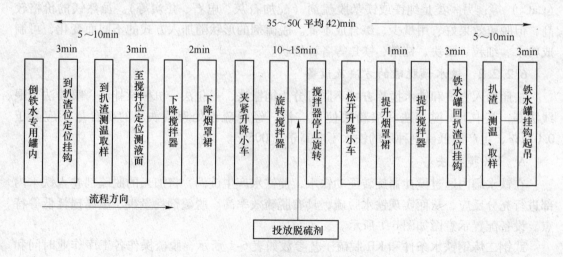

图 6-2　KR 工艺流程图和各工序作业时间

B 喷吹法

喷吹法是将脱硫剂用载气经喷枪吹入运送铁水的鱼雷罐车或是炼钢厂的铁水包里，使粉剂与铁水充分接触，在上浮过程中将硫去除。图6-3为铁水喷吹脱硫设备配置示意图。

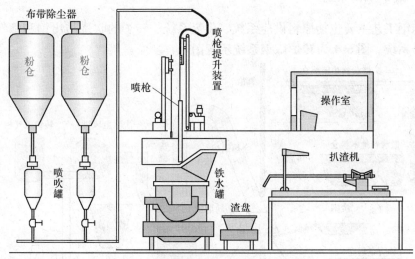

图6-3 铁水喷吹脱硫设备配置示意图

6.2.3 铁水预脱磷

除易切削钢和炮弹钢外，磷是绝大多数钢种的有害元素，显著降低钢的低温冲击韧性，增加钢的强度和硬度，这种现象称为冷脆性。

铁水预脱磷采用的脱磷剂主要由氧化剂、造渣剂和助熔剂组成，其作用在于供氧将铁水中磷氧化成P_2O_5，使之与造渣剂结合成磷酸盐留在脱磷渣中。目前工业上使用较广的石灰系脱磷剂以CaO为主，配加氧化剂和助熔剂。

铁水预脱磷按处理设备可分为炉外法和炉内法。炉外法设备为铁水包和鱼雷罐，炉内法设备为专用炉和底吹转炉。按加料方式和搅拌方式可分为喷吹法、顶加熔剂机械搅拌法（KB）和顶加熔剂吹氮搅拌法等，目前多采用喷吹法。炉外法预处理后铁水磷含量不应高于0.030%，转炉内预处理后的铁水磷含量不应高于0.01%。若生产超低磷钢种时，处理后铁水磷含量不应高于0.005%。采用炉外法预脱磷，必须先进行预脱硅处理，铁水中硅含量不应高于0.2%。

6.2.4 铁水预处理提钒

钒是重要的工业原料，我国西南、华北、华东等地区的矿石中含有钒，冶炼出的铁水含钒较高，可达0.4%~0.6%。因此，可通过特殊的预处理方法提取铁水中的钒。

目前，我国主要采用氧化提钒工艺进行含钒铁水提钒，即先对含钒铁水吹氧气，使铁水中的钒氧化进入炉渣，然后对富含V_2O_5的炉渣进行富集分离来提钒。

铁水提钒方法有摇包法、转炉法、雾化法和槽式炉法，德国、南非主要采用转炉法和摇包法，我国主要采用转炉法和雾化法。

6.3 转炉系统及设备

6.3.1 转炉炼钢系统

转炉炼钢工艺主要包括原料供应系统、供氧系统、转炉的吹炼与出钢和烟气净化与煤气回收四个系统。图6-4为转炉炼钢系统示意图。

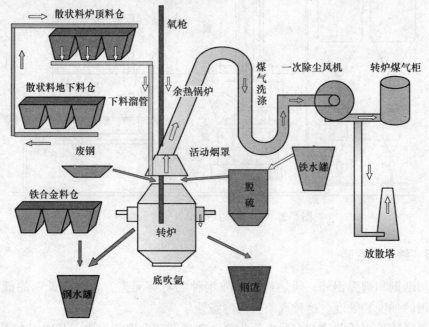

图6-4 转炉炼钢系统示意图

6.3.2 转炉本体

转炉系统是由转炉炉体（包括炉壳和炉衬）、炉体支撑系统（包括拖圈、耳轴、耳轴轴承及支座）、倾动机构所组成。图6-5为转炉本体示意图。容量小于80t的转炉，宜采用

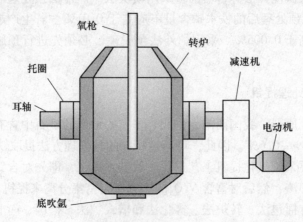

图6-5 转炉本体示意图

截锥形活炉底，大于 100t 的转炉，宜采用筒球形或锥球形死炉底。

6.4 装　料

6.4.1 炼钢用原料

氧气转炉炼钢的主要原材料为铁水和废钢。铁水是最主要的原料，铁水温度的高低决定了铁水带入转炉物理热的多少，铁水物理热约占转炉热收入的 50%。我国规定，入炉铁水温度应高于 1250℃。表 6-2 为我国一些钢厂用铁水成分。另外，入炉铁水带渣量要求小于 0.50%。

表 6-2　我国一些钢厂用铁水成分

厂　家	化学成分/%					入炉温度/℃
	$w[Si]$	$w[Mn]$	$w[P]$	$w[S]$	$w[V]$	
首　钢	0.20 ~ 0.40	0.40 ~ 0.50	≤0.10	<0.050		1310
包　钢	0.72	1.73	0.580	0.047		>1200
宝　钢	0.40 ~ 0.80	≥0.40	≤0.120		≤0.040	
鞍钢三炼钢	0.52	0.45	≤0.10	0.013		>1250
武钢二炼钢	0.67	≤0.30	≤0.015	0.024		1220 ~ 1310
攀　钢	0.064		0.052	0.050	0.323	

废钢是作为冷却剂加入转炉的，废钢比可根据转炉容量大小在 10%~20% 选用，废钢的硫、磷总量应小于 0.1%，夹渣应小于 10%。废钢比适当增大，可降低转炉炼钢消耗和成本。转炉用废钢一般以本钢厂自产的返回废钢为主，包括连铸坯的切头、钢包和中间罐的底部残钢、轧钢过程的切头尾和废品等。此外为了品种调配，也会配入适当的外购废钢。外购废钢包括加工工业的废料（机械、造船、汽车等行业的废钢、车削等）和钢铁制品报废件（船舶、车辆、机械设备、土建材料等）。

辅原料主要包括造渣剂（石灰、萤石、生白云石、菱镁矿、合成造渣剂、锰矿石、石英砂等）、补炉材料、冷却剂（废钢、生铁块、铁矿石、氧化铁皮等）。铁合金种类很多，有硅铁（Fe-Si）、铬铁（Fe-Cr）、锰铁（Fe-Mn）、钒铁（Fe-V）、钛铁（Fe-Ti）、硼铁和稀土金属、Mn-Si 合金、Ca-Si 合金、铝、Fe-Al、钙系复合脱氧剂等。

氧气是氧气转炉炼钢的主要氧化剂，要求氧气纯度达到 99.5% 以上，并脱除水分。要求氧压稳定，满足吹炼所要求的最低压力，且安全可靠。

6.4.2 炼钢用原料供应

高炉向转炉供应铁水的方式有混铁炉、混铁车（又称鱼雷罐车）、铁水罐直接热装三种方式。混铁炉供应铁水的工艺流程为：高炉→铁水罐车→混铁炉→铁水包→称量→兑入转炉。混铁车供应铁水的工艺流程为：高炉→混铁车→铁水包→称量→兑入转炉。铁水罐直接热装为铁水运输常规方式，是用炼铁车间铁水罐接铁水，再将铁水倒入转炉车间的铁水罐，经称量后用吊车兑入转炉，或者用转炉车间的铁水罐在高炉接铁水，经称量后用吊车兑入转炉，称为铁水运输一罐到底方式。

　　大型转炉炼钢车间通常设单独的废钢间，中小型炼钢车间的废钢堆场设在原料跨的一端。一般有两种废钢加入方式：吊车吊运废钢槽倒入转炉和用废钢加料车装入转炉。通常选用吊车加入废钢，平稳、便利得多。

　　辅助材料的供应是通过火车或汽车运送至原料间（原料场）内，分别卸入料仓中。然后再按需要通过运料提升设施将各种散状材料由料仓送往供料系统设备。图 6-6 为散装料系统示意图。

　　工业用氧是使用制氧机把空气中的氧气分离、提纯而来。一般由厂内附设的制氧车间供给，通过管道输送到炉前。图 6-7 为转炉氧气系统示意图。

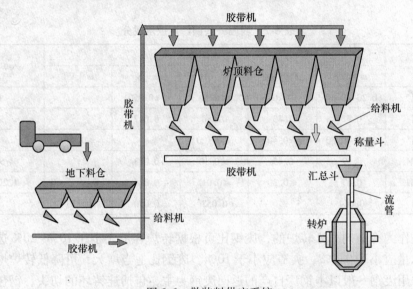

图 6-6　散装料供应系统

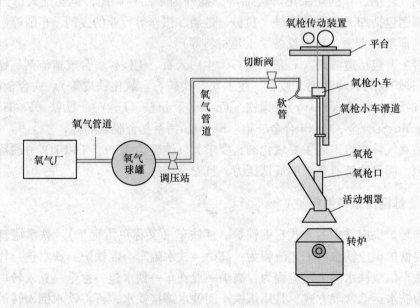

图 6-7　转炉氧气系统示意图

6.4.3 装入制度

装入制度就是确定转炉合理的装入量（主原料）及合适的铁水废钢比，这取决于合理的炉容比和合适的熔池深度。目前，大型转炉的炉容比一般为 $0.9 \sim 1.05 m^3/t$，而小型转炉通常在 $0.8 m^3/t$ 左右。

转炉的装入制度有定深、定量和分阶段定量装入三种。其中定量装入和分阶段定量装入制度在国内外得到广泛应用。表6-3为某厂装入制度。

表6-3 某厂装入制度

项 目	炉容量/t				
	80		120		
炉龄/炉	1~10	>10	1~3	4~50	>50
金属装入量/t	90±2	98±2	135	135~150	140~160
出钢量/t	80±2	88±2	120	120~135	127~146

6.4.4 装料操作

铁水和废钢的装入顺序可分为先兑铁水后装废钢和先装废钢后兑铁水两种。虽然后者废钢直接撞击炉衬，但当前国内各钢厂普遍采用溅渣护炉技术，起到保护作用，运用此法可防止兑铁喷溅，但一般补炉后的第一炉钢可采用前者。图6-8为转炉加废钢过程，图6-9为转炉兑铁水过程。

图6-8 转炉加废钢过程   图6-9 转炉兑铁水过程

铁水和废钢装入比例的确定，理论上应根据热平衡计算而定。但在生产条件下，一般是根据铁水成分、温度、炉龄长短、废钢预热等情况按经验确定铁水配入的下限值和废钢加入的上限值。我国多数转炉生产中铁水比一般在75%~90%，废钢加入量平均为100~150kg/t。

6.5　吹 氧 冶 炼

为完成脱碳、脱磷、硅锰氧化等反应,将0.7~1.5MPa的高压氧气通过水冷氧枪从炉顶上方送入炉内,使氧气流股直接与钢水熔池作用,完成吹炼任务。

6.5.1　供氧制度

供氧制度的主要内容包括确定合理的供氧强度、氧压和枪位控制。

(1)氧枪。转炉应采用3~6孔拉瓦尔水冷氧枪。氧枪由喷头、枪身和尾部结构三部分组成。喷头常用紫铜制成,枪身由三层无缝钢管套装而成,尾部结构连接输氧管和冷却水进出软管。冷却水出水温度不应超过50℃(夏天),进出水温差不应超过15℃。

(2)供氧参数:

1)氧气流量:根据吹炼每吨金属料所需要的氧气量、金属装入量、供氧时间等因素确定。

2)供氧时间:即转炉的纯吹炼时间,是根据经验确定的。单渣操作时,小型转炉供氧时间一般为12~14min,大中型转炉一般为18~22min。

3)氧压:国内一些小型转炉的工作氧压约为0.5~0.8MPa,一些大型转炉则为0.85~1.1MPa,达钢80t转炉的工作氧压约为0.8~0.9MPa。

4)枪位:即氧枪高度,可先按经验确定一个控制范围,然后据生产中的实际吹炼效果加以调整。

表6-4为某厂部分供氧参数。

表6-4　某厂部分供氧参数

项　　目	炉容量/t				
	80		120		
炉龄/炉	1~50	>50	2~5	6~150	>150
氧流量(标态)/m³·h⁻¹	16000~18500	16500~20000	27000~28000	28000~29000	29000~34000
枪位/mm	1200~1700	1000~1700	1500~1700	1400~2000	1400~2000

(3)供氧操作。氧枪操作有恒压变枪、恒枪变压和变压变枪三种类型。我国多数钢厂采用分阶段恒压变枪操作。图6-10(a)为高—低—高的六段式操作,开吹枪位较高,提早形成初期渣;二批料加入后适时降枪,吹炼中期炉渣返干时又提枪化渣;吹炼后期先提枪化渣后降枪;终点拉碳出钢。图6-10(b)为高—低—高的五段式操作,前期与六段式基本一致,当炉渣返干时,可加入适量助熔剂(萤石)调整炉渣流动性,以缩短吹炼时间。

氧枪可从转炉操作室或平台上操作,操作位置的选择可通过维护平台上“就地/远程”选择开关来选择。图6-11为国内某厂的氧枪系统操作画面。

氧枪枪位可由枪高曲线和设定值方式确定。若选择枪高曲线,一旦吹氧程序启动,枪

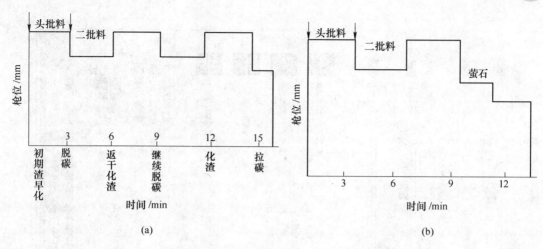

图 6-10　六段式和五段式操作示意图

(a) 六段式操作示意图；(b) 五段式操作示意图

高将根据枪高控制曲线来调节。使用设定值方式，操作工可以从终端上输入所希望的枪高设定值，一旦吹氧开始，氧枪将保持设定的枪高值。在吹炼期间，可以通过改变高度设定值来改变枪位。

在操作台上设有紧急提枪按钮，按动按钮，氧枪立即提升，氧流量阀自动关闭，氧枪冷却水可由终端键盘开/关控制，流量显示在 CRT 上。氧枪控制提供了故障自动提枪的保护手段。

6.5.2　造渣制度

造渣的目的是去除磷硫、减少喷溅、保护炉衬、减少终点氧。吹炼过程遵循"初期早化渣，过程渣化透，终渣做黏，出钢挂上"的原则，终渣碱度控制在 2.8 ~ 3.5，MgO 含量不小于 8%，以起到保护炉衬和防止出钢回磷的作用。

造渣制度就是要确定合适的造渣方法、渣料的加入数量和时间，以及如何加速成渣。

(1) 造渣方法。在生产实践中，造渣方法一般根据铁水成分及吹炼钢种的要求确定。氧气顶吹转炉常用的造渣方法有单渣操作、双渣操作、留渣操作等。当入炉铁水硅、磷、硫含量较低，或钢种对磷、硫要求不严格，冶炼低碳钢种时，均可以采用单渣操作。在入炉铁水磷、硫含量高，为防止喷溅或吹炼低锰、低磷钢种，防止回锰时，均可采用双渣操作，前期渣碱度可控制在 2.0 ~ 2.5，在前期渣化好后（吹炼 3 ~ 6min），提枪倒炉，根据情况倒掉 1/2 ~ 2/3 的渣，加入石灰重新造渣。留渣操作时，兑铁水前首先要加石灰稠化熔渣，避免兑铁水时产生喷溅而造成事故。

(2) 渣料加入量。加入炉内的渣料，主要指石灰和白云石，还有少量助熔剂。石灰加入量需根据铁水中硅、磷含量及炉渣碱度 R 来确定。加入任何含 SiO_2 的辅原料，都应该补加石灰，加入量应是铁水需石灰量与各种辅料需补加石灰量的总和。

加入轻烧白云石调渣，以提供足够数量的 MgO，提高炉龄。应尽早加入，保持初期渣中 MgO 不小于 8%，吹炼后期或出钢后根据溅渣要求，确定是否补加，终点渣 MgO 含量一般在 8%~14% 之间。

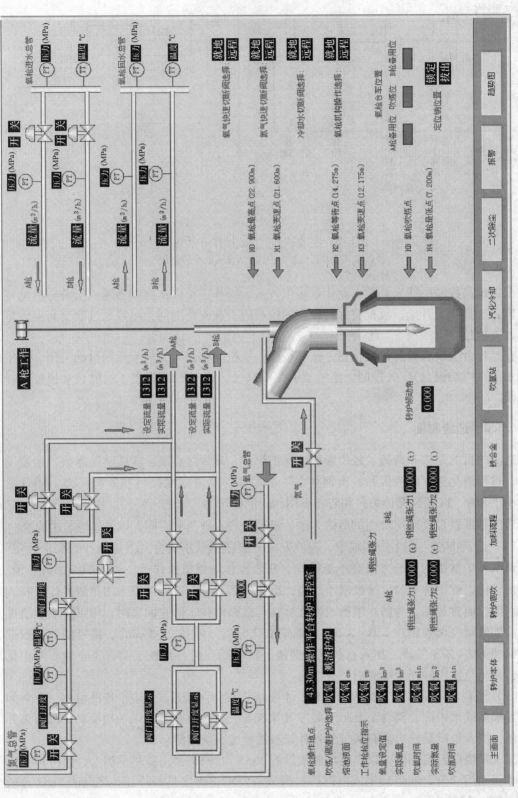

图 6-11　氧枪系统操作画面

作为助熔剂，萤石应尽量少用或不用。加入氧化铁皮或铁矿石可调节渣中 FeO 含量，起到化渣作用，但它们对熔池有较大的冷却效应，应视炉内温度高低确定加入量。一般矿石或氧化铁皮加入量为装入量的 2%~5%。

（3）渣料加入时间。单渣操作时，渣料一般分两批加入。第一批在开吹时加入，加入量为总量的 2/3。第二批在硅、锰氧化基本结束，第一批渣料基本化好，碳焰初起时加入，此批渣料可以一次加入，也可以分小批多次加入。若需要调整熔渣或炉温，才会加第三批渣料，加入时间视化渣好坏及炉温高低而定。最后一小批料必须在终点拉碳前一定时间内加完，否则渣料来不及熔化就要出钢了。

通常，白云石随第一批石灰加入，铁矿石可根据温度和化渣情况分批加入，除连投配料外，每批直接加入量不得超过 300kg，终点前 2min 严禁加铁矿石。化渣剂一般在炉渣返干及后期化渣不良时加入，加入总量不低于 4kg/t 钢，单批化渣剂不得大于 150kg。第二批渣料应以勤加少加为原则。开新炉后，第二、三炉全部采用铁矿石调温操作，第三炉后采用调废钢、调铁矿石操作。

转炉炼钢副原料加料监控界面如图 6-12 所示。首先手动设定每种副原料的加入量，然后可选择手动模式或自动模式进行称量操作，称量值将显示在对应的接受量列表中，同时料仓中会出现对应的值，随后所称量的料经混合料仓投入转炉。

6.5.3 温度制度

温度控制是指吹炼的过程温度和终点温度的控制。温度控制实际上就是确定冷却剂的加入数量和时间，以控制好过程温度，为直接命中终点温度提供保障。冷却剂加入量的确定以铁水中的 [Si] 含量、钢种、炉衬和空炉时间的变化为依据。

温度控制过程如下：

（1）根据铁水成分和出钢温度的要求确定废钢加入量，做好过程温度控制，确保终点及到精炼站的温度。

（2）出钢温度的调整。钢包是否烘烤、修补，出钢口是否新换，连浇炉次等均会影响出钢温度，需根据实际情况适当调整出钢温度。

（3）终点温度的确定。终点温度等于液相线温度、标准温度和校正温度之和。各种原材料变化对不同容量转炉的终点温度的影响程度不同，因此，必须根据实际生产数据校正。

标准温度可以按照如图 6-13 所示流程确定。

（4）出钢温降计算。根据实际生产过程中积累的经验数据选取出钢过程钢包吸热、出钢散热、镇静温降及加入合金、渣料造成的温降。

（5）停吹后等待的温降以 2.5℃/min 考虑。

（6）过程温度控制。确定合理的冷却制度，根据各种冷却剂的冷却效应控制冷却剂的加入，使过程温度平稳上升。

主控室转炉监视画面可以清楚地了解冶炼信息和重要参数，根据实时变化控制转炉吹炼。图 6-14 为转炉本体主控监视画面，图 6-15 为转炉底吹监控界面。

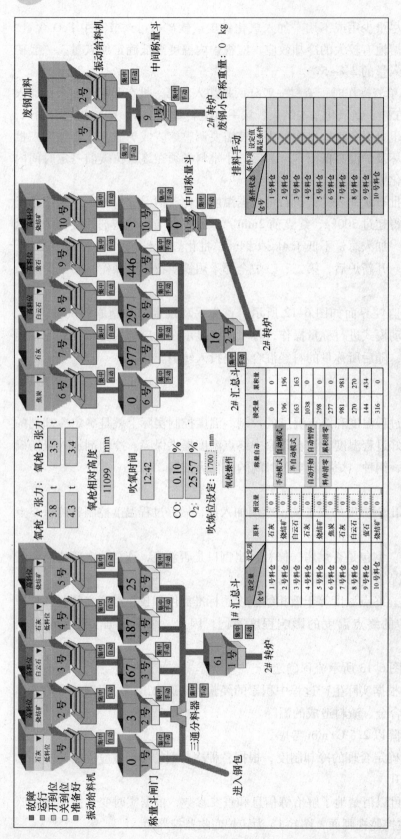

图 6-12　副原料加料监控界面

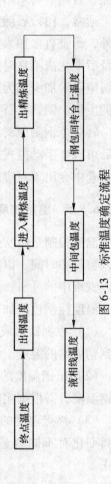

图 6-13　标准温度确定流程

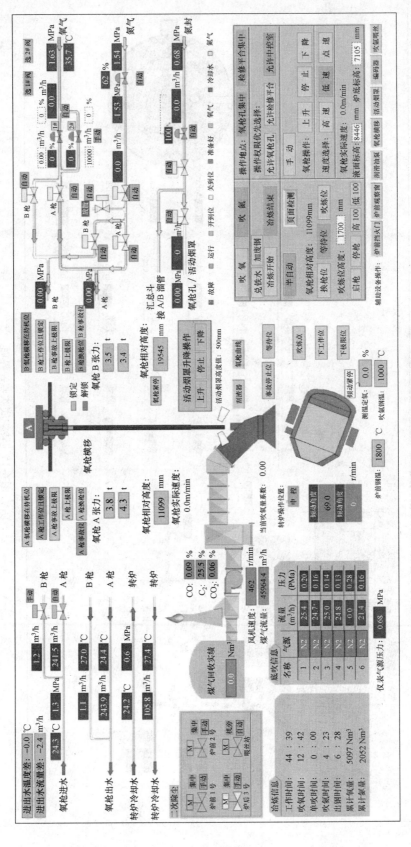

图 6-14 转炉本体主控监视画面

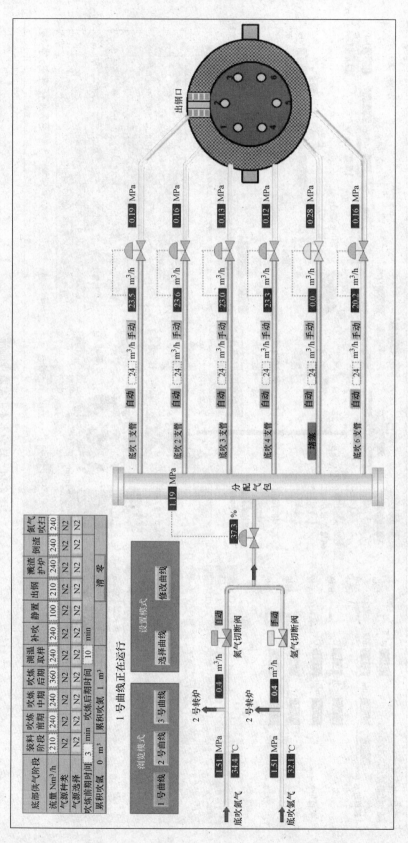

图 6-15 转炉底吹监控界面

6.6　出钢与脱氧合金化

6.6.1　终点控制

转炉兑入铁水后，通过供氧、造渣操作，经过一系列物理化学反应，钢水达到了所炼钢种的成分和温度要求的时刻，称之为"终点"。终点控制主要是指终点温度和 [C] 的成分控制。

（1）终点碳控制方法。终点碳控制的方法有一次拉碳法、增碳法、高拉补吹法。

一次拉碳法：按出钢要求的终点碳和终点温度进行吹炼，当达到要求时提枪。这种方法要求终点碳和温度同时达到目标，对操作技术水平要求高，一般只适合终点碳为 0.08%~0.20% 的控制范围。

增碳法：除超低碳钢外的所有钢种，均吹炼到碳含量为 0.05%~0.06% 提枪，按钢种规范要求加入增碳剂。

高拉补吹法：当吹炼中、高碳钢种时，终点按钢种规格稍高一些进行拉碳，待测温、取样后按分析结果与规格的差值决定补吹时间。

（2）终点温度的判断。由于连续测温并自动记录熔池温度变化情况无法实现，所以一般采用插入式热电偶并结合经验（火焰、取样、氧枪冷却水温度差、炉膛情况）来判断终点温度。

（3）终点控制操作过程：

1）终点前 2min 将所需料加完，根据供氧压力、供氧流量、纯吹氧时间，正确判断吹炼终点，采用一次拉碳或高拉补吹的方法，尽量提高终点命中率（不同钢种终点碳控制不同）。

2）终点必须测温、取样，并做钢样成分分析，必须在成分符合所冶炼钢种规定的要求后方可出钢。

3）终渣中（FeO）的总含量要求不高于 16%，终渣碱度要求 2.6~3.5，每班必须取 1~2 个渣样。

6.6.2　出钢制度

（1）出钢持续时间。一定的出钢时间有利于减少钢水吸气和合金的快速熔化，该时间受出钢口内径尺寸影响很大。我国转炉操作规范规定，小于 50t 的转炉出钢持续时间为 1~4min，50~100t 转炉为 3~6min，大于 100t 转炉为 4~8min。

（2）红包出钢。红包出钢就是在出钢前对钢包进行有效的烘烤，使钢包内衬温度达到 300~1000℃，以减少钢包内衬的吸热，有利于降低出钢温度。如我国某厂的 70t 钢包，经过煤气烘烤使包衬温度达 800℃ 左右，降低出钢温度 15~20℃。

（3）挡渣出钢。为了准确控制钢水成分，减少回磷和合金消耗，提高合金元素的吸收率，通常采用挡渣出钢。挡渣的方法主要有挡渣球法、挡渣塞法、气动挡渣法、气动吹渣法、挡渣棒法、挡渣帽法和电磁挡渣法等。出钢后，在钢包中添加覆盖剂，可起到保温和处理钢水的作用，目前生产中碳化稻壳因具有保温性能好、密度小、重量轻、不粘钢包的特点而得到广泛采用。

6.6.3　脱氧合金化

在出钢前或在出钢及其以后的过程中，根据钢种要求选择合适的脱氧剂或合金（一种或多种）加入到钢水中，使钢水成分达到要求。

通常在出钢过程中，将全部合金加到钢包内。冶炼时间短，合金元素吸收率较高，对一般钢种，能够达到质量要求。关键是准确计算合金加入量和加入的时间，一般在钢水流出 1/4 ~ 1/3 时按顺序依次加入（加在钢流冲击部位），2/3 ~ 3/4 时加完。出钢后向包内加石灰粉稠化炉渣，防止回磷。铁合金加料监控界面如图 6-16 所示。

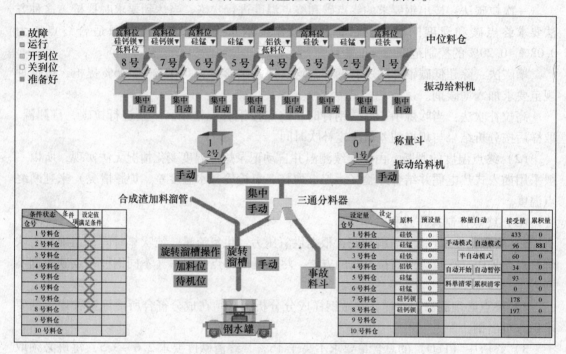

图 6-16　铁合金加料监控界面

冶炼特殊质量钢种时，为了控制钢中气体含量，钢水须经过真空精炼。一般在进行了初步脱氧后，在精炼炉内进行合金化。

6.7　溅渣护炉

为实现溅渣护炉，需要在造渣过程中和出钢后加入一定量的 MgO 质造渣材料，即调渣剂，如轻烧白云石、生白云石、轻烧菱镁球、冶金镁砂、菱镁矿渣粒和含 MgO 石灰等。表 6-5 为常用调渣剂的成分。

6.7.1　调渣工艺

转炉溅渣护炉工艺可分直接溅渣工艺和出钢后调渣工艺两种。一般大型转炉采用前者，中小型转炉采用后者。表 6-6 为终渣 MgO 含量推荐值。

表 6-5 常用调渣剂的成分 （％）

种 类	成 分				
	$w(CaO)$	$w(SiO_2)$	$w(MgO)$	灼 减	$w(MgO)_{相对}$
生白云石	30.3	1.95	21.7	44.48	28.4
轻烧白云石	51.0	5.5	37.9	5.6	55.5
菱镁矿渣粒	0.8	1.2	45.9	50.7	44.4
轻烧菱镁球	1.5	5.8	67.4	22.5	56.7
冶金镁砂	8.0	5.0	83	0.8	75.8
含 MgO 石灰	81	3.2	15	0.8	49.7

表 6-6 终渣 MgO 含量推荐值 （％）

终渣 TFe 含量	8 ~ 11	15 ~ 22	23 ~ 30
终渣 MgO 含量	7 ~ 8	9 ~ 10	11 ~ 13

6.7.2 溅渣工艺参数

溅渣工艺参数主要包括：合理地确定喷吹氮气的工作压力与流量，确定最佳喷吹枪位，确定合适的留渣量，确定溅渣时间及频率等。

溅渣基本原则：少溅渣、勤溅渣。炉役前期基本不溅渣，炉役后期每炉溅渣。转炉炉龄 200 炉以下不溅渣，其中炉龄在 200 ~ 1000 炉之间，每两炉溅渣一次，炉龄大于 1000 炉，每炉溅渣一次。

6.7.3 复吹转炉溅渣护炉操作

吹炼时按造渣制度加入散状料，渣样成分的目标控制范围为：碱度 2.8 ~ 4.0，TFe 为 13% ~ 20%，MgO 含量为 8% ~ 12%。若采用直接溅渣工艺，出钢完毕即启动溅渣程序。若采用出钢后调渣工艺，出钢前或后需加入适量调渣剂，再溅渣。参考氮气流量为 18000 ~ 22000m³/h，工作压力 0.85 ~ 1.0MPa。溅渣枪位控制在 0.8 ~ 2.0m 之间，并视炉渣情况适当调整。溅渣时间 2 ~ 4min，严禁大于 4min。停止吹氮，提枪刮渣。倒尽炉内残渣，检查溅渣效果。

6.8 转炉烟气净化与回收

转炉烟气温度高、量多且波动范围大、含尘量大、具有毒性和爆炸性，任其放散会污染环境。因此，排放前必须进行净化处理，同时回收物理热、化学热和氧化铁粉尘等。

目前，世界上大型转炉烟气净化的方法主要有两种，以日本 OG 法为代表的湿法净化系统（见图 6-17）和以德国鲁奇与蒂森两公司联合开发的 LT 法为代表的干法净化系统（见图 6-18）。

根据国内生产实践，每炼 1t 钢可回收转炉煤气（CO 含量约 60%）大概 100m³ 左右，相当于节能 25kg/t，加上蒸汽的回收利用，完全可以实现负能炼钢。图 6-19 为转炉煤气

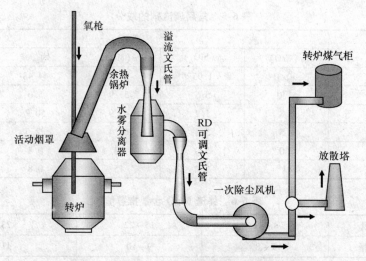

图 6-17   OG 湿法除尘系统

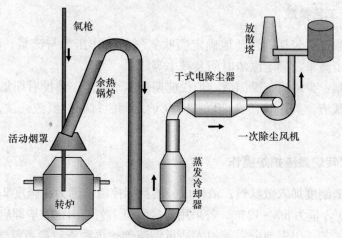

图 6-18   LT 干法除尘系统

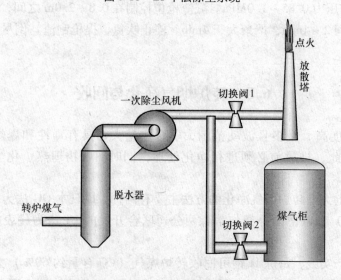

图 6-19   转炉煤气回收系统

回收系统示意图。吹炼初期和末期 CO 含量低，不回收，通过放散塔点火放散。冶炼中期煤气中 CO 含量达到 35%、O_2 含量小于 2% 时，回收转炉煤气进煤气柜。

6.9 转炉车间各岗位职责

转炉车间操作岗位主要是：炉长、操枪工、合金工、炉前工、兑铁工和砌炉工等。

（1）炉长。炉长负责转炉的安全、质量、产量、成本，落实下达的生产指令、工作任务；负责冶炼节奏控制、终点控制、脱氧合金化控制，检查钢包状况、组织出钢、协调脱氧合金化等工作，维护炉衬、出钢口、炉况负责，转炉设备点检工作，控制每炉钢的冶炼操作参数控制，分析本转炉存在的问题，并采取相应措施；负责监督、指导各岗位操作、成品成分或精炼炉进站成分。

（2）操枪工。操枪工负责设备的监控和维护保养，填写本岗位设备点检、设备给油脂、值班日志等记录；负责冶炼过程中的供氧操作、造渣操作、过程和终点温度控制、溅渣护炉，提供调整装入制度的信息，生产过程中炉机匹配、铁水、废钢原料质量情况等信息的联系及反馈；负责对室内仪表监护、水系统的监护，负责转炉炼钢生产过程中的工艺参数记录，枪位的测定，对氧枪、烟罩粘钢渣，渣碱度、终渣氧化性、成品 [P]、[S]负责和出钢量负责。

（3）合金工。合金工严格执行工艺技术规程和岗位操作规程，负责钢水中硅、锰元素的控制，合金料的准备工作，出钢过程中的合金化操作，合金化元素含量、合金料的称量、合金料的配加、掌握所炼钢种成分控制情况，合金料等原料质量信息的反馈，设备的监控和维护保养。

（4）炉前工。炉前工负责终点钢水的测温、取样、送样化验工作，并及时将化验结果通知操枪工；负责测温系统的检查，确保测温准确，准备并保管好炉前使用的工具：测温头、取样器等；负责钢水吹氩处理及吹氩前、吹氩后的测温工作；负责协助本小组其他岗位人员进行称量合金料、推合金料、向钢包内加合金料及补炉准备等工作；负责加挡渣球、堵出钢口、转炉炉口清理、补炉原料及工具的准备工作、协助操枪工对氧枪、烟罩粘钢渣处理。

（5）兑铁工。兑铁工监督检查每包入炉铁水的重量是否符合要求，并根据当班炉子的生产情况，合理指挥天车进行兑铁水、废钢操作；指挥兑铁水操作时，站位准确，手势清楚，指令明确，并按要求进行兑铁，对洒铁水负责；负责加料跨天车的协调、信息传递（把铁水成分，主要 S 含量及时通知操枪工、摇炉工）；负责检查有关吊具及包是否符合要求。

（6）砌炉工。砌炉工负责保质保量地完成当班布置的砌炉、拆炉或补炉等工作任务，对开新炉发生漏钢事故负有一定的责任；负责砌炉用的各种耐火材料的准备、现场摆放及砌炉、拆炉（或补炉）后的现场卫生清扫工作；非砌炉期间，配合保护队进行补炉工作；负责准备好砌炉用的备件、工具，并保管好。

6.10　典型钢种冶炼实例

6.10.1　普通碳素钢转炉生产

在保证钢水和钢材质量的前提下，包头钢厂80t转炉生产普碳钢的冶炼周期小于35min、终点［P］含量不大于0.015%，终点温度在1650℃左右，并提高废钢比。典型的转炉冶炼普碳钢工艺要点如下：

（1）装料制度：在铁水成分$w[Si]=0.50\%$、$w[Mn]=0.63\%$、$w[P]=0.087\%$、$w[S]=0.024\%$，温度为1266℃的条件下，装入量控制在82.1t左右，废钢的装入量控制在6t左右，造渣料石灰、白云石、萤石、铁皮、氧化镁球的平均加入量分别控制在4.42t、0.35t、0.19t、0.66t、0.41t左右。

（2）供氧制度：采用四孔拉瓦尔喷头，氧压大于0.85MPa、流量标准状态下为16500m³/h，底吹供气强度0.080m³/(t·min)。当供氧累计流量达到3000m³时，把底吹气体由氮气切换成氩气。

（3）终点制度：终点$w[C]≤0.06\%$，终点$w[P]≤0.015\%$，终点温度为1650~1680℃。

（4）出钢制度：实现红包出钢，出钢时间3~5min，最长不能超过8min。挡渣成功率大于95%。

（5）合金化后，采用钢包底吹氩均匀钢水成分、温度。

（6）平均冶炼周期35.6min，保证了连铸机作业的节奏。

6.10.2　硬线钢转炉生产

达钢生产硬线钢采用的工艺路线为：高炉铁水→900t混铁炉→KR铁水脱S→80t复吹转炉→LF炉精炼→连铸150mm×150mm方坯（电磁搅拌）→高线轧制。典型的转炉冶炼70硬线钢工艺要点如下：

（1）装料制度：铁水装入量控制在（70±5）t左右，总装入量控制在（75±1）t左右，采用自产优质废钢（即中废、轧废、坯废等）。

（2）转炉底吹全程吹氩。

（3）终点制度：为保证脱磷，把终点［C］含量控制在0.08%左右，之后在钢包内增碳。终点$w[P]≤0.015\%$，终点温度为1630~1660℃。将终渣碱度控制在3.5左右，避免钢水回磷。

（4）出钢制度：实现红包出钢，出钢时间2.5~5min。转炉出钢约3/4时，采用机械臂加入挡渣锥挡渣，准确控制其加入位置。在下渣前必须抬炉，严格控制下渣量，使钢包内渣层厚度不大于70mm。挡渣成功率大于95%。

（5）脱氧与合金化：为保证钢水的脱氧和可浇性，出钢前在钢包底部加入硅钙钡1.0~1.5kg/t钢。出钢时开启氩气，出钢一开始便向钢液中一次性加入低氮增碳剂和碳化硅；出钢1/3时，向钢包中加入碳锰球、硅锰铁、硅铁，出钢3/4之前合金加完。出钢过程中，合金加完后随钢流加入活性石灰300kg/炉，出钢3/4之前渣料需加完。整个出钢过程全程吹氩，加快脱氧合金的熔化，确保钢包预脱氧效果。

6.10.3 硅钢转炉生产

鞍钢 DR2 热轧硅钢的生产工艺流程为：铁水预处理→转炉冶炼→RH-OB 精炼→板坯连铸→热送热装→热轧带钢→硅钢片厂。DR2 热轧硅钢化学成分见表 6-7。

表 6-7 DR2 钢化学成分 （%）

牌　号	$w(C)$	$w(Si)$	$w(Mn)$	$w(P)$	$w(S)$
DR2	≤0.08	2.50 ~ 3.10	≤0.40	≤0.040	≤0.020

硅钢的特点：

（1）钢中含硅量高，合金加入量大。

（2）成品钢 $w[C] \leq 0.08\%$，故转炉出钢 $w[C] \leq 0.04\%$。

（3）硅钢需缓冷或热装热送。

冶炼工艺要点如下：

（1）铁水预处理。用镁基脱硫粉剂，单耗平均 3.98kg/t，喷粉时间 4 ~ 8min（平均 5.9min）。脱硫扒渣站有两个处理工位，能同时处理两罐铁水，处理周期平均为 35min。处理前铁水含硫 0.019% ~ 0.030%，处理后硫含量最低可达 0.002%，平均为 0.004%，脱硫率为 67% ~ 89%。

（2）转炉冶炼。加入连铸切头废钢 20 ~ 30t/炉，用活性石灰、轻烧白云石和铁矾土造渣。采用挡渣出钢，在钢包内合金化，出钢过程中加入合成渣或白灰小球进行渣洗和炉渣改性处理，防止回硫、回磷。出钢前先向罐内加入 3 ~ 5t 合金，其余部分在出钢时加入。Si-Fe 收得率为 85% ~ 90%。出钢时要求 $w[C] \leq 0.04\%$，合金增碳 0.02% ~ 0.03%，钢包增碳 0.01%，保证成品钢 $w[C] \leq 0.08\%$。出钢温度控制在 1640 ~ 1650℃，出钢时间 5 ~ 8min，出钢后底吹氩 1 ~ 2min。

复习思考题

6-1 转炉炼钢的基本任务是什么？

6-2 叙述转炉的生产工艺操作过程及主要设备。

6-3 转炉炼钢对铁水成分和温度有何要求？

6-4 供氧的基本参数是什么，影响枪位变化的因素有哪些，枪位对冶炼有何影响？

6-5 过程温度和终点温度如何控制？

6-6 终点的标志是什么，有哪几种控制终点碳的方法？

6-7 为什么要挡渣出钢，常用方法有哪些？

6-8 出钢温度是怎样确定的？

7 电弧炉炼钢实习

电炉炼钢是以电为能源的炼钢过程。冶炼过程一般分为熔化期、氧化期和还原期，脱磷、脱硫的效率很高。电炉种类有电弧炉、感应电炉、电渣炉、电子束炉等。以废钢为原料的电炉炼钢，比高炉 + 转炉法基建投资少，同时由于直接还原的发展，为电炉提供金属化球团代替大部分废钢，因此大大地推动了电炉炼钢。

7.1 实 习 内 容

7.1.1 实习知识点

（1）电弧炉炼钢原材料。矿石、废钢和各种造渣材料、铁合金和脱氧剂的特征、规格要求、来源；电炉冶炼所用耐火材料的种类、特征、使用部位，及电极类型、价格、损坏原因及耗量；氧气、氩气等气体的用量和来源。

（2）电弧炉炼钢设备。炉子座数、布置、炉子容量、变压器容量、炉壳直径、实际装料量等；电弧炉的结构，炉衬和炉盖的砌筑，炉子的装料方式，密封圈和夹持器，电极升降机构，炉子倾动机构等；除尘设备的大致结构、特点、用途及操作效果。

（3）电弧炉冶炼工艺。配料方式及布料顺序，炉体好坏的判断，补炉原则及操作；熔化期、氧化期和还原期的操作理念和方法。

7.1.2 实习重点

（1）掌握电弧炉冶炼所用原燃料种类、成分和要求。

（2）掌握电弧炉冶炼的基本工艺流程及操作。

（3）掌握电弧炉重要技术经济指标。

7.2 冶炼前的准备工作

7.2.1 原料准备

电弧炉炼钢的主要原料有废钢原料（废钢、生铁、直接还原铁、铁水等）、铁合金（油硅铁、锰铁、铝铁、铌铁、钼铁等）、渣料（石灰、轻烧白云石、萤石或者镁钙石灰等）和脱氧剂（铝铁、铝块、硅钙钡合金、硅钙合金等）。

辅助原料有增碳剂、喷吹炭粉、偏心底出钢（EBT）填料；各类修补炉衬的耐火材料，主要是炉门快补料、喷补炉衬的不定形耐火材料等。

废钢的堆密度不应小于 $0.7t/m^3$，轻、中、重废钢应合理搭配，剔除有色金属、有机物及爆炸物等。铁水或生铁的比例以 30% 为宜，不宜大于 40%，有利于提高炉料的化学能，降低电耗。直接还原铁的质量应符合表 7-1 的规定。造渣用散装材料和铁合金粒度应为 5~40mm。

表 7-1　直接还原铁的化学成分 　　　　　　　　　　　　　　　　　　（%）

成分	TFe	S/10^{-3}	P/10^{-3}	SiO_2（酸性脉石）	As、Sn、Pb、Sb 和 Bi	Cu	金属化率
含量	H88：88~90 H90：90~92 H92：92~94 H94：≥94	1 类：≤15 2 类：15~30	1 级：≤30 2 级：30~60	H88：≤7.5 H90：≤6.0 H92：≤4.5 H94：≤3.0	各≤0.002	≤0.010	1 级：≥94 2 级：≥92 3 级：≥90 4 级：≥98

7.2.2 配料

一般是根据冶炼的钢种、设备条件、现有的原材料和不同的冶炼方法进行配料。在废钢料场向料篮配加废钢前，根据当班生产信息，确定本班的配料要求，然后根据要求确定铁水、生铁块及废钢的加入比例。生铁或铁水比以 30% 为宜，比例过高，氧化碳所需要的时间增加，以致冶炼时间延长，指标反而恶化。

（1）废钢的加入量。轻薄废钢应为料篮总加入量的 30%~50%，底部和顶部各加一半；中型废钢为 30%~40%；重型废钢应控制在 20% 以内，单重在 0.5~1t 的重型废钢，每炉配加不得超过 1 块，且只能在第一料篮内加入。

（2）石灰和白云石的加入量。对于普通建筑钢，全废钢两料篮料操作时，配加量约为金属量的 2.5%~3.5%；对于要求较高的钢种，加入量为普通钢种的 1.1~1.2 倍。单料篮料操作时，添加比例不变，但每增加 1t 铁水或生铁约需额外增加 20~25kg 石灰。白云石的加入量按石灰的 20%~25%。

（3）焦炭的加入量。一般情况下，炉料中配碳量高于钢种上限碳含量 0.3%~1.2%。对于不同钢种所需的熔清后的脱碳量，原则上非合金钢为大于 0.1%，合金钢为大于 0.3%。

7.2.3 装料

目前，通常采用炉顶料篮或料罐装料，一般每炉钢的炉料分 1~3 次加入。装料是否合理影响着炉衬寿命、冶炼时间、电耗等，这主要取决于炉料在料篮中的布料是否合理。

装料的原则是大、中、小料配合，重料在下、轻料在上，大块在中，轻料在边。物料的加入顺序是：石灰 → 白云石→焦炭→废钢（含生铁块）。装入量应以出钢量及留钢量稳定、适当为前提。原则上应确保出钢量稳定在电炉的工程容量 ±2t 左右，同时应确保炉内留钢量为 10t 左右。

料篮中各类废钢的加入顺序是：轻薄废钢（钢板、轻统型废钢）→中型废钢（打包料、统料型废钢或生铁块）→重型废钢→轻薄料（或轻统型废钢）。全废钢两次加料操作时，原则上第一料篮应加入总量的 65%~75%，其余的在第二料篮加入。

直流电弧炉冶炼时，采用全废钢两次或三次加料方式，渣料（石灰、焦炭及白云石）

应视具体情况在第二料篮或第三料篮一次加入炉内，而交流电炉冶炼则可以将渣料分两次加入，但第二次的量比第一次要多200～500kg。

7.3　熔　氧　期

传统电弧炉炼钢方法称为老三期。其操作集熔化期、氧化期和合金化脱氧的还原期于一炉，在电炉内既要完成熔化、脱磷、脱碳、升温，又要进行脱氧、脱硫、去气、去夹杂物、合金化以及温度、成分的调整，因而冶炼周期很长。缺点比较突出。

现代电炉冶炼采用偏心底出钢的超高功率电弧炉，一般把还原期挪到LF操作，以缩短冶炼周期，提高电炉冶炼效率。并采用一系列的先进技术，包括：废钢预热技术，强化用氧技术，电炉底吹气技术，密封罩技术和高效除尘技术，形成了废钢预热→熔氧期→出钢→精炼的工艺流程。

7.3.1　炉体和机械设备

电炉的机械设备包括：炉体装置、炉体倾动机构、炉盖提升旋转机构和电极升降机构等。

（1）炉体。电炉炉体的尺寸和形状，即电炉炉型对电炉冶炼有重要影响。电弧炉炉型是指炉衬内部空间围成的几何形状。既要满足炼钢工艺的要求，又要利于热量的交换、能量的充分利用，还要保证较高的炉衬寿命。炉型由上到下依次可分为炉顶、炉壁、炉坡和炉底。底部为球形，高度约为钢液总深度的1/5，在熔化初期易于聚集钢水，保护炉底，加速炉渣熔化，减少钢液的吸气降温。熔池为截头圆锥形，圆锥的侧面和垂线成45°角，使侵蚀后的炉坡容易得到修补（补炉镁砂的自然堆角为45°），且利于顺利出净钢水。

EBT（偏心底出钢）电炉基本结构与传统电炉类似，只是将传统电炉的出钢槽改成出钢箱，出钢口在出钢箱底部垂直向下。图7-1是EBT电炉结构简图。图7-2是超高功率电炉的设备全貌图。

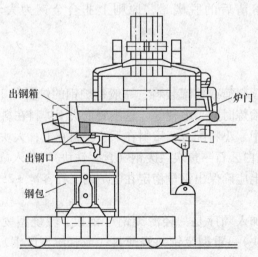

图7-1　EBT电炉结构示意图

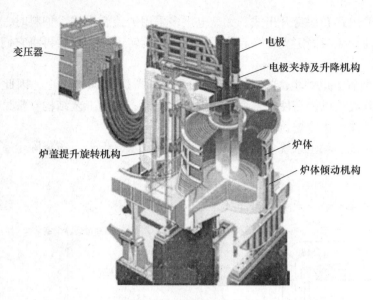

图 7-2 超高功率电炉

变压器

电极

电极夹持及升降机构

炉盖提升旋转机构

炉体

炉体倾动机构

（2）电极升降机构。电极升降机构由水冷电极夹持器、水冷铜钢复合（或铝合金）导电横臂、电极立柱与导向轮组、液压缸及其支撑结构组成，有升降车式和活动支柱式两种类型。小型电炉多采用升降车式，结构简单；大中型电炉均采用机械马达或液压驱动的活动支柱式，高度较低。

（3）炉体倾动机构。炉体倾动机构用以倾动炉体，向出钢口方向倾动 10°～15°（EBT形式出钢）或者 30°～40°（出钢槽出钢），向炉门方向倾动 10°～15°，以便扒渣等。倾动机构多采用底倾，常见有三种，一种是由电动机带动装有两个倾动齿轮的长轴旋转，长轴上的倾动齿轮与固定在炉底下的两根扇形齿条啮合，并随之运动而带动炉体倾动，如图7-3所示。另一种底倾机构是由齿轮带动两根固定在炉底上的直齿条运动而使炉子倾动。第三种是位于炉体框架下，炉门左侧由伸缩液压缸实现的，在炉底钢结构框两侧有直线齿轮条，在圆形炉底两侧设有圆弧齿轮配合实现齿条和齿轮的啮合，保证倾动的平稳。这种形式主要用于容量较大的电炉，如图 7-4 所示。

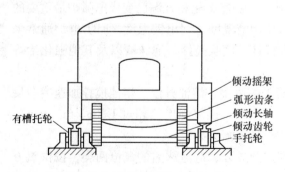

倾动摇架

弧形齿条

倾动长轴

倾动齿轮

手托轮

有槽托轮

图 7-3 底倾式机构示意图

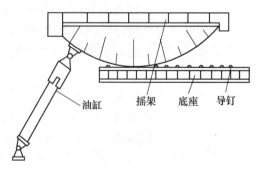

油缸

摇架 底座 导钉

图 7-4 液压倾动机构示意图

（4）炉盖旋出或开出机构。它是将炉盖开启以便从炉顶加入炉料的机构，可分为炉盖旋出式、炉盖开出式和炉身开出式，大型电炉多采用炉盖旋出式。加料时，先将电极和炉盖抬起，然后使炉盖与固定支柱一起绕垂直轴向外旋转。加完料后再将它们旋回原处，放下炉盖并盖紧。

（5）水冷装置。电炉生产过程中，炉内温度可高达 1800℃ 以上，因此，许多电炉构件都需要水冷降温，以提高使用寿命、改善劳动条件、优化工艺结构。常见水冷构件有电极夹持器、炉盖圈、水冷炉盖、水冷炉壁等。

（6）除尘系统。除尘系统包括屋顶罩、燃烧室、水冷烟道、布袋除尘室等组成。除尘系统如图 7-5 所示。

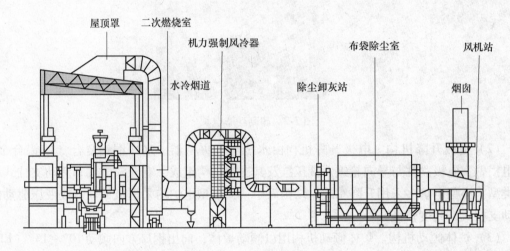

图 7-5　大型电炉的除尘系统

7.3.2　炉料熔化

（1）炉料熔化。传统炉料的熔化过程分为四个阶段：起弧、穿井、电极上升和低温区炉料熔化。炉料被熔化 3/4 后，电弧已不能被炉料遮蔽，三个电极下的高温区连成一片，只有在远离电弧的低温区炉料尚未熔化。此时，如吹氧助熔（无氧气时要用钩子将炉料拉入熔池，以加速熔化），既可节省熔化时间，又降低了电能消耗。

目前，电炉逐渐发展为 EBT 超高功率电弧炉，快速熔化和升温已变成电弧炉最重要的功能。为了在尽可能短的时间内把废钢熔化并使钢液温度达到出钢温度，EBT 电炉通常采用最大功率供电、氧燃烧嘴助熔、吹氧助熔和搅拌、底吹搅拌、泡沫渣以及其他强化冶炼和升温等技术。

（2）现代电炉用氧技术。电弧炉用氧具有助熔废钢、熔池升温、熔池搅拌加速冶金反应、二次燃烧等多种功能，出口马赫数达到 2.0 以上，供氧强度已超过 $1.2m^3/(t \cdot min)$，大大缩短了电炉的熔氧期，使冶炼成本下降，产量大幅提高。

氧枪按用途可分为助熔废钢用氧枪和脱碳控制成分、造泡沫渣的氧枪两类，按供氧方式可分为炉门自耗式氧枪、水冷超声速氧枪、超声速集束射流氧枪和多功能氧燃烧嘴四种，其中使用较多的为前两种，如图 7-6 所示。氧气的用量（标态）达到 $30 \sim 40m^3/t$，供氧强度（标态）达到 $1.5 \sim 2.0m^3/min$。

炉门自耗式氧枪机械手

水冷超声速氧枪系统

普通水冷超声速氧枪喷头

超声速集束氧枪喷头

空载实验的烧嘴燃烧状态

图 7-6　各类氧枪示意图

7.3.3　氧化期

氧化期主要是以控制冶炼温度为主，并以供氧和脱碳为手段，促进熔池激烈沸腾，迅速完成所指定的各项任务。同时，也为还原精炼创造有利的条件。该阶段的任务是继续脱磷、脱碳、去气（N、H）、去夹杂、钢液升温。

可以采用矿、氧综合脱碳的方式加速钢液的脱碳速度，为了避免熔池急剧降温，矿石应分批加入，且先多后少，前一批矿石反应开始减弱时，再加下一批矿石，间隔时间为5~7min，最后全用氧气。吹氧停止后，再进行清洁沸腾等操作。

钢液的碳含量主要依靠化学分析、光谱分析及其他仪器来确定。但在实际操作中，为了缩短冶炼时间，也常用经验进行判断：

（1）根据用氧参数。在冶炼过程中，依据吹氧时间、吹氧压力、氧管插入深度、耗氧量或矿石的加入量、钢液温度、全熔碳含量等，先估算 1min 或一段时间内的脱碳量，然后再估计钢中的碳含量。

（2）根据吹氧时炉内冒出的黄烟量。黄烟浓、多，说明碳含量高，反之较低。当碳含量小于 0.30% 时，黄烟就相当淡了。

（3）根据吹氧时炉门口喷出的火星。火星粗密且分叉多则碳含量高，反之则低。

（4）根据试样断口的特征。把钢液不经脱氧倒入长方形样模内，凝固后取出放入水中冷却，然后再打断，利用试样断口的结晶大小和气泡形状来估计钢中的碳含量。

（5）根据钢饼表面特征。主要用于冶炼低碳钢。一般是舀取钢液不经脱氧即轻轻倒在铁板上，然后根据形成钢饼的表面特征来估计碳含量。

（6）根据碳花的特征，简称碳花观察法。由于该法简便、迅速、准确，因此应用普遍。可直接观察从勺内迸发出来的火星（碳花）情况，也可观察火星（碳花）落地后的破裂情况。碳含量越高，碳花越大，分叉越多，跳跃越猛烈，规律性越差，因此，碳含量越低，判断得越准确，误差常常只有±（0.01%～0.02%）。一般碳钢的碳含量与碳花特征的关系见表 7-2。

表 7-2　碳钢的碳含量与碳花特征的关系

碳含量/%	火星或碳花的颜色	火星与碳花的比例	迸发力量或破裂情况	备　注
0.05～0.10	棕白色	全是火星构成的火线无花	迸发无力	火线稀疏时有时无
0.1～0.20	白色	火星构成的火线中略有小花	迸发无力	火线稀疏时有时无
0.3～0.40	带红	火星 2/3，小花 1/3	迸发稍有力	火线细而稍密
0.50～0.60	红色	火线 2/3，小花 1/3 间带 2～3 朵大花	迸发有力	火线粗而密
0.70～0.80	红色	火线 1/3，小花 2/3 大花 3～5 朵	迸发有力，花内分叉，呈现二次破裂	
0.90～1.00	红色	火星少，小花多，大花 7～10 朵	迸发有力、很强，花有圈呈现三次破裂	碳含量大于 0.08% 以上时，碳花在跳跃破裂过程中有吱的响声
1.1～1.20	红色	大花很多、很乱略有火星	花跳跃频繁有力，花有圈呈现三次破裂	
1.30～1.40	红色	大花 1/3，紫花 2/3	跳跃短而有力，多次破裂	
1.50～1.80	红色	几乎全是紫花	跳跃短而有力，多次破裂	

7.3.4　造渣

当前普遍采用泡沫渣埋弧冶炼工艺，即在废钢熔化早期富氧助熔，强化供氧，炉料基本熔清后向高氧化铁渣中喷吹碳粉或其他粉剂，同时调整炉渣成分，使炉渣发泡，包裹住电弧，实现全埋弧加热。该工艺加热效率高，钢液升温速度快，从而达到缩短冶炼时间，降低吨钢电耗的目的，并为 HP 或 UHP 电弧炉实行高压、长弧操作打下基础。影响泡沫渣质量的因素主要有炉渣碱度、炉渣中氧化铁含量、炉渣中氧化镁含量、吹氧量、熔池温度、喷吹炭粉的质量等。

电炉生产中，脱磷主要是在熔化期和氧化期的前期完成的。一般来说在超高功率电炉冶炼的条件下，温度在 1540～1580℃ 之间能将脱磷反应进行得比较彻底，二元碱度在 2.2～3.5，渣中氧化铁含量在 14%～20%，较大的渣量，并注意减少原料中带入的硅和锰，减少喷吹炭粉的操作都有利于脱磷。

电炉钢水的脱硫主要是在还原条件下脱除，超高功率电炉的脱硫是指出钢过程的脱硫，如果硫含量较高，则主要是在 LF 内进行脱硫操作。

7.4 出　钢

7.4.1 留钢留渣技术

电炉"留钢留渣"的技术是现代电炉炼钢采用的一项比较重要的实用技术，起到保护炉底和炉衬、预热废钢、加快电极穿井速度、迅速氧化铁水中的硅、锰、磷及碳、增强石灰的溶解能力和利于二次燃烧的作用，但是也易造成钢渣进入钢包或炉门、炉壁枪孔溢出钢渣等问题。

留渣量视具体情况而定，直流和交流电炉一般为公称容量的 8%～40%，竖式电炉和连续加料式的 Consteel 电炉，留钢和留渣量可适当增加，而对于有铁水热装的电炉，留钢量可适当减小，留渣量增加。采用超声速集束氧枪吹炼的电炉，留钢量和留渣量要偏大一些，国内部分钢厂留钢量和留渣量达到了电炉出钢量的 1/6～1/3。

留钢留渣的操作：第一炉冶炼，装入量偏大一些，出钢时根据吹损量、出钢量确定留钢量，控制合适的炉渣碱度（2.0～2.5 最佳）和氧化铁含量。采用较大的留钢量和留渣量，要保证电炉的配碳量和脱碳量，出钢温度要合适，否则出钢时易造成下渣。

7.4.2 偏心底出钢（EBT）技术

出钢时先将钢包运到电炉出钢箱下面，打开出钢口之前，使炉子向出钢口侧倾斜约 3°～5°，形成足够的钢水静压力，防止炉渣从钢水产生的旋涡中流入钢包。打开出钢口托板，开始出钢。出钢过程中，炉子逐渐地倾斜到约 12°（不要倾动过快），保证出钢口上面的钢水深度基本不变。当钢水出至约 95% 时，炉体以较快的速度（3°/s）回倾至水平位置，以避免或减少炉渣从出钢口流进钢包，实现无渣出钢。

填料及其操作是自动开浇（即出钢口打开，钢水自动流出）的关键。一般 EBT 电炉的自动开浇率可达 95% 以上。在非正常情况下，如钢水不能自动流出，可用钢钎轻轻撞击或烧氧的办法出钢。烧氧时，用专用的吹氧弯管对准出钢口吹氧，一般烧氧仅需几秒钟就可烧开被烧结的出钢口填料，使钢水流出。根据 EBT 电炉填料的使用特点，用作填料的材料有橄榄石、河砂及人工合成砂，主要以 MgO（40%～50%）和 SiO_2（40%～45%）为主，并含有少量 Fe_2O_3（约 10%），要求粒度为 0.5～5.0mm，且不含水分。

出钢结束后，钢水包移到下一工序，将出钢口维护平台移到出钢口下面，用铲状工具将出钢口端部上的渣、钢结壳清除（注意必须在出钢后立即清除，否则温度过低造成清理工作困难），严重时可采取吹氧清理。清理工作结束后，关闭出钢口托板，将加料漏斗通过出钢箱操作口对准出钢口，将填充料加入出钢口内。

7.4.3 出钢温度的经验判断

目前，钢包的连续测温既简便又准确，已为钢的浇注提供了重要的温度参数。尽管如此，人们还是没有完全放弃出钢温度的经验判断，也就是说出钢温度的经验判断仍然具有较大的参考价值，常用的方法主要有以下两种：

（1）目测钢液的出钢温度。通常，出钢温度可在出钢过程并在有熔渣遮盖时观察距出钢槽端部外 100～200mm 处的钢流颜色：钢液呈暗红色，约在 1550℃ 以下；钢液呈亮红色，约为 1600℃；钢液呈青白色，约为 1620℃；钢液呈青白色，出钢槽上部见白烟，约为 1630℃；钢液呈白色，出钢槽上部冒浓浓白烟，约为 1650℃；钢液白炽耀眼，出钢槽上部白烟滚滚均在 1670℃ 以上。

（2）利用包中熔渣的变化估计钢液的出钢温度。在出钢过程中，当钢液翻出一定量后，包中熔渣突然由稠变稀，说明出钢温度较高。如熔渣大有蚀断塞棒的趋势，说明出钢温度更高。当钢液出完后，包中熔渣稀稠的变化不大，说明出钢温度一般。

7.5　电炉车间各岗位职责

电炉车间操作岗位主要是：炉长、原料工、炉前工和配电工等。

（1）原料工。工作前认真检查工作场地、工具、料筐、炉料等是否合格，及时排除隐患；在安全的前提下，完成炉料的吊、装任务。

（2）炉长。负责本组人员的分工与协调，带领本组人员学习安全、工艺操作规程及各项管理制度并执行；负责本组安全操作并规范化；严格执行作业标准及各钢种冶炼要求，为下步工序提供温度、成分合适的钢水。

（3）炉前工。服从炉长指挥，团结协作，参与炉前操作，完成生产及相关任务；执行工艺、设备技术操作规程，杜绝人为原因造成工艺、设备事故；负责相关设备的维护、保养工作，保护好自己所使用的设备及工具，学习车间有关的管理制度并执行；保护自己所使用的工具、材料和设施；做好现场定置管理工作。

（4）配电工。严格执行安全、工艺操作规程；与炉前配合，保证生产顺利进行；认真填写配电记录；对每炉钢的各项技术经济指标进行核算，并及时通知炉长；发现设备运行异常时，立即停电，并通知维修工。

7.6　电弧炉冶炼实例

7.6.1　合金结构钢冶炼

合金结构钢是工农业生产中应用最广泛的一类钢，通常被用来制造承受各种载荷的构件。品种多、产量高。20CrMnTi 是含钛合金结构钢的一种，经渗氮和适当热处理后，可获得良好的力学性能，构件表面硬而耐磨，中心强度高而韧性好，变形量小、加工性能好，可用来制造形状复杂的零件，也可代替某些铬镍钢和铬镍钼钢，应用广泛。20CrMnTi 的化学成分和控制成分如表 7-3 所示。

表 7-3　20CrMnTi 的化学成分和控制成分　　　　　　　　（%）

元素	C	Mn	Si	Cr	Ti	S	P	Ni	Cu
标准成分	0.17/0.24	0.80/1.10	0.20/0.40	1.00/1.30	0.06/0.12	≤0.04	≤0.04	≤0.35	≤0.30
控制成分	0.18/0.20	0.85/0.95	0.20/0.28	1.10/1.20	0.07/0.09	低于0.004	低于0.004		

20CrMnTi 钢冶炼采用氧化法，操作要点和相关参数如下：

（1）氧化期。氧化加矿温度不低于 1550℃，采用矿氧结合脱碳，脱碳量应大于 0.30%，脱碳速度要大于每分钟 0.01%，并做到高温均匀沸腾，自动流渣，实现充分脱磷、去气和去除杂质。由于该钢种的含碳量较低，应防止"过氧化"，净沸腾时间应大于 10min，并保持钢中锰含量大于 0.20%，达到部分预脱氧的目的。

（2）还原期：

扒渣条件：扒渣温度为 1600 ~ 1620℃，$w[P] \leqslant 0.015\%$，其他元素符合要求。

脱氧还原：在裸露的钢液面上加 Ca-Si 块 0.5kg/t，进行预脱氧，稀薄渣下插铝 0.5 ~ 1.0kg/t，并用碳粉、Fe-Si 粉扩散脱氧，白渣时间应大于 30min。还原期使用的脱氧剂必须充分地干燥，颗粒细小、品位要高。圆杯样钢液收缩情况要好，$w(FeO) \leqslant 0.4\%$。

合金化：锰铁应在稀薄渣下加入，铬铁应在还原初期加入，钛铁应在出钢前 5 ~ 10min 加入。加钛铁前向钢液插铝 0.8kg/t。

出钢温度：通常为 1600 ~ 1640℃。

（3）钛的合金化。为了保证钛铁回收率的稳定，加钛铁前，必须做到 4 个固定：

1）渣量和碱度要固定。炉渣不能过稀，整个还原期的渣量为钢水量的 3% ~ 4%，碱度应控制在 3.5 左右。

2）炉渣的流动性和脱氧程度要固定。炉渣流动性要良好，白渣要稳定，不能发黄或发灰。同时必须做到 $w(FeO) \leqslant 0.4\%$。

3）钢液温度要固定。钢液温度要足够高，出钢温度通常控制在 1600 ~ 1640℃，比相同含碳量的钢要稍高一些。这时因为钛铁加入后，钢水发黏，夹杂物难以上浮的缘故。

4）钛铁的块度和加入的方法、时间要固定。钛铁的块度以 50 ~ 150mm 为宜，如过大或呈粉末状均对回收率有影响。加钛铁前，必须先插铝，钛铁加入熔池后需要用耙子敲打钛铁，将其压入钢液中，减少氧化烧损。同时，可用少量硅铁粉还原，在加钛铁后的 5 ~ 10min 内必须出钢，出钢前应充分搅拌钢液，做到钢渣同出，回收率一般为 40% ~ 60%。

7.6.2 不锈钢冶炼

不锈钢是不锈耐酸钢的简称，与耐酸钢不同，普通不锈钢一般不耐化学介质腐蚀，而耐酸钢则通常均具有不锈性。不锈钢按组织状态分为马氏体钢、铁素体钢、奥氏体钢、奥氏体-铁素体（双相）不锈钢及沉淀硬化不锈钢等，也可按成分分为铬不锈钢、铬镍不锈钢和铬锰氮不锈钢等。

1Cr18Ni9Ti 钢冶炼的操作特点及相应参数如下：

（1）对设备的要求。本钢种的碳含量不大于 0.12%，为防止在冶炼过程中增碳，采用沥青质（15 炉后方可冶炼）或卤水质（5 炉后方可冶炼）炉衬冶炼；炉盖最好用一级高铝质或铝镁质砖砌筑（2 炉以上方可使用）；出钢槽可采用整体耐火混凝土式，也可用沥青砖或高铝砖经沥青浸煮后砌筑而成；所用电极不得有裂缝。

（2）配料。一般要求配碳量为 0.30% 左右，配硅量控制在 0.80% ~ 1.00%，配铬量为 10% ~ 13%，配磷量不高于 0.025%，越低越好。对配锰量不作要求，一般随炉料带入的约 0.50% ~ 0.80%。镍全部配入炉料中对吹氧脱碳也有利，可以降低脱碳温度。如有 10%

左右镍存在时，可使氧化期末期温度降低40～50℃而达到同样的脱碳效果，在1800℃以上能降低50℃是十分宝贵的。

（3）进料和熔化。进料前炉底先加入料重2%左右的石灰，使熔化渣有一定的碱度，对吹氧过程中脱碳保铬以及维护炉衬都有好处。

熔化期以大功率送电，在炉料熔化80%左右进行吹氧助熔，当炉料全部熔化后，经充分搅拌后取样分析所需元素。

（4）氧化和终点碳控制。根据$w[Cr]/w[C]$与温度的关系确定合适的吹氧脱碳温度。如熔清后钢液实际含铬量为10%，碳含量为0.30%，则$w[Cr]/w[C]=33$，即可从图7-7中查得温度为1620℃。一般控制吹氧压力为0.8～1.2MPa，以保证一定的脱碳速度，顺利地进行脱碳操作。

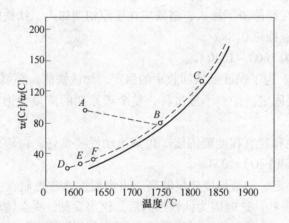

图7-7 铬碳比例$w[Cr]/w[C]$和温度的关系

终点碳的控制：在吹氧脱碳终了时，熔池温度已经相当高，通常在1800℃以上，从电极孔冒出的火焰明显收缩无力呈棕褐色，熔池表面沸腾微弱而只冒小泡，炉渣面白亮，炉渣也明显黏稠，表明钢液中碳已降至0.06%以下，可根据经验，迅速做出是否停吹的判断。

（5）加铬铁和高氧化铬炉渣的初还原。当吹氧脱碳停止后，立即向钢液插铝1～1.5kg/t，并加低碳锰铁或硅铬合金等进行预脱氧，然后迅速旋转炉盖或开出炉体，将所需的微碳铬铁一次加入炉内，并分2～4批加入硅钙粉或铝粉进行还原。

（6）钢液的脱氧。扒渣后造新渣，稀薄渣形成后，根据钢中含硅量，分批加铝粉或硅钙粉继续扩散脱氧。当炉渣变白时，取样分析（不少于2个）。

（7）调整成分。出钢前7～15min按要求加入预热的钛铁，加钛铁前炉渣要脱氧良好，$w(FeO)\leq0.4\%$，不能过稀过稠。加毕用木耙推动钛铁，隔3～5min后通电，以减少钛的烧损。正常情况下，钛的回收率为50%左右。

（8）温度制度。返回吹氧法随着吹氧脱碳操作的进行温度逐渐升高。吹氧完毕钢液温度高达1800℃以上，此时炉渣温度低于钢液温度。大量铬铁加入后，熔池温度迅速降低，但仍能满足整个还原期温度的要求。从工艺要求来看，还原期要控制好炉渣温度，使炉渣有良好的流动性。同时，由于铬含量较高钢液流动性差，出钢前还要加入钛铁，温度要控制偏高些。但温度过高钢液容易增碳，钛的回收率也难于控制。出钢温度各厂不同，通常在 1600~1640℃。

复习思考题

7-1 什么是 EBT 电炉？

7-2 电弧炉的基本操作流程如何，为什么现代电炉炼钢技术中将电炉的还原期挪到了精炼当中进行？

7-3 电炉生产如何进行造渣操作，为什么要造泡沫渣？

7-4 用电炉生产合金结构钢时，如何保证钛合金化有较高的收得率？

8 炉外精炼实习

炉外精炼是将转炉或电炉中初炼过的钢液移到另一个容器中进行精炼的炼钢过程，完成脱气、脱氧、脱硫，去夹杂、调温、调成分等任务，也称"二次炼钢"。精炼的方法包括 LF、CAS、AOD、VOD 和 RH 等，虽然它们工艺各异，但均需要理想的精炼气氛（如真空、惰性或还原性气氛），需要借助电磁力或吹惰性气体搅拌钢水，采用电弧、等离子、化学法等加热方式补偿温降。

8.1 实 习 内 容

8.1.1 实习知识点

通过实习了解现代钢铁企业典型的炉外处理工艺、炉外处理设备工作原理，掌握典型的炉外处理精炼方法，熟悉各生产岗位工作职责。

（1）炉外精炼工艺。炉外精炼的方法、原理、作用、利弊和适用钢种。实习所在厂采用的精炼方法和气源、压力、时间、升温速度、脱硫效果等重要参数。

（2）炉外精炼设备。钢包吹气的设备结构及选择、透气砖和吹气孔的选择及部位、顶吹吹气或喷粉喷枪的结构及升降装置；真空精炼处理的设备结构及与实现真空的关系、与吹氧精炼结合（OB 或 KTB 法）的优点；钢包钢水加热的方法及设备选择、工作原理。

8.1.2 实习重点

（1）掌握炉外精炼过程的方法及设备情况。
（2）掌握精炼过程操作原理及重要参数。
（3）掌握精炼过程重要技术经济指标。
（4）掌握不同钢种对精炼的要求。

8.2 炉外处理车间工艺模式

世界工业发达国家的转炉炼钢厂和部分电炉钢厂已实现百分之百的炉外精炼。根据产品类型、质量、工艺和市场的要求选择炉外处理技术，达到炉外精炼功能对口、工艺方法、生产规模及工序间的衔接、匹配经济合理的目的。

（1）生产板带类钢材的大型联合企业，一般采用 CAS-OB 吹氩精炼和 RH/KTB/PB 真空处理为主的复合精炼。

（2）生产棒线材为主的中小型转炉钢厂，通常配有钢包吹氩、喂丝、合金成分微调的综合精炼站。从发展上看宜采用在线 CAS（或 CAS-OB）作为基本精炼设备，以实现

100%钢水精炼。同时可离线建设一台 LF，用于生产少量超低硫钢、低氧钢和合金钢或处理车间低温返回钢水。

（3）生产不锈钢板、带、棒线的电炉钢厂，一般采用 AOD 精炼方式，有的附有 LF 或 VOD/VAD；非不锈钢类的合金电炉钢厂，则配以 "LF + VD" 或 LFV 为核心的多功能复合精炼装置；普碳钢和低合金钢生产厂，则配以 LF 为核心的多功能复合精炼装置。

8.3 典型的炉外处理方法

据不完全统计，炉外处理的方法至少有 40 种，现场应用最广泛的炉外处理方法有以下几种。

8.3.1 简易钢包精炼法（CAS/CAS-OB 法）

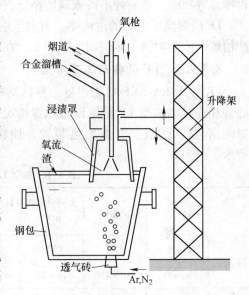

图 8-1 CAS-OB 结构示意图

CAS（Composition Adjustment by Sealed Argon Bubbling）法是一种钢包密封吹氩、成分微调的精炼技术，具有混匀、调温、调成分、提高合金收得率（尤其是铝）和净化钢水、去夹杂的作用。CAS-OB 法是在 CAS 装置的隔离罩处添加一支吹氧枪，利用罩内加入的铝或硅铁氧化放出的热量解决 CAS 法精炼过程中的温降问题。CAS-OB 装置由合金料仓、电磁振动给料器、电子称量器、皮带输送机、中间料斗、溜槽、测温取样装置、隔离罩及其升降装置、氧枪、底吹氩砖等构成（见图 8-1）。

CAS 工艺操作过程比较简单，脱氧和合金化过程都在 CAS 设备内进行，操作关键是排除隔离罩内的氧化渣。否则，合金收得率会下降，且操作不稳定。一般 CAS 操作约 15min，典型的操作工艺流程如图 8-2 所示。钢包吊运到处理站，对位以后，强吹氩 1min，吹开钢液表面渣层后，立即降罩，同时测温取样，按计算好的合金称量，不断吹氩，稍后即可加入铁合金进行搅拌。吹氩结束后将隔离罩提升，测温取样。

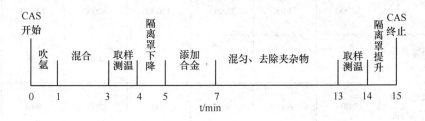

图 8-2 CAS 操作工艺流程及时间分配

宝钢 CAS 工艺主要生产铝镇静钢、铝硅镇静钢和低碳铝镇静钢，其 300t 钢包 CAS 操作工艺流程为：转炉出钢挡渣粗调合金→炉后测温取样→将钢水吊至 CAS 处理台车→吹氩、测定渣层和安全留高→测温取样、定氧→计算、放出和称量合金→吹氩、浸渍管放下→合金投入、吹氩搅拌→吹氩停止、测温取样→确认成分→台车开出、处理结束。CAS 处理时间为 28min，氩气（标态）流量为 0.35~0.5m³/min，压力为 0.85MPa。在采用"转炉→CAS 精炼→连铸"工艺生产低碳铝镇静钢时，CAS 处理后钢液总氧含量为 0.0073%~0.01%，中间包钢水总氧含量为 0.0038%~0.0053%，铸坯中总氧含量为 0.0014%~0.0017%。该工艺生产的深冲用低碳铝镇静钢具有很高的洁净度。

8.3.2　钢包精炼炉法（LF 炉）

LF 法（Ladle Furnace）是在 ASEA-SKF 法和 VAD 法的基础上改进而来，由氩气搅拌、埋弧加热和白渣精炼技术组合而成，具有精确控制钢水成分和温度、降低夹杂物和合金收得率高等功能，是一种不可或缺的精炼设备。

LF 法提高了电炉的生产率，有利于电炉生产普通钢，炼钢生产特殊钢。LF 法实施渣洗精炼，使电炉钢、转炉钢的区别小，在精炼技术史上具有划时代的意义。

8.3.2.1　LF 设备与工艺布置

LF 与 ASEA-SKF 功能相近，整体结构多为台车（钢包车）式，部分 LF 精炼与喷粉处理相连接。典型 LF 精炼设备配置情况参见表 8-1。LF 主要包括：炉体（带有吹气装置的钢包）、炉盖、电弧加热装置、加料装置和真空系统等部分，主体设备如图 8-3 所示。

表 8-1　典型 LF 炉精炼设备配置情况

项　目		珠钢炼钢厂	大同公司涩川厂	日本钢公司八幡厂	德国纳尔钢厂	丹麦轧钢公司	日本铸锻件户佃厂	三菱公司东京厂
LF 容量	额定值/t	150	30	60	45	110	150	50
	实际/t	110~150	18~33	60			100~150	45~50
电气设备	变压器功率/MV·A	20	5	6.5	8(18)[①]	15(40)[①]	6	7.5
	二次电压/V	240/380	235/85	225/75	143/208	175/289	275/110	250/102
	额定二次电流/A	38000	14400	28860	23000	30000	17000	17320
	电极直径/mm	406	254	356	300	400	356	305
	电极心圆直径/mm	700	600	810	600	700	940	900
	单位变压器功率/kV·A/t		167	108			40	150

项　目		珠钢炼钢厂	大同公司涩川厂	日本钢公司八幡厂	德国纳尔钢厂	丹麦轧钢公司	日本铸锻件户佃厂	三菱公司东京厂
尺寸	炉壳直径/mm	3756	2400	2600	2550	3310	3900	2924
	内径/mm		1948	2070			3164	2430
	总高度/mm	5210	2500	3150	2300	3470	4330	3040
	内高/mm		2195	2740			4000	2770
	熔池深度 H/mm (x 吨时)		1402（30t）	2340（60t）			2754（150t）	1348（45）
升温速率/℃·min^{-1}		5			6	4		

①配用变压器容量分别为18MV·A、40MV·A，而实际使用8MV·A、15MV·A。

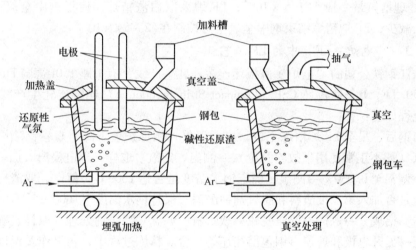

图 8-3　LF法原理图

8.3.2.2　"转炉 + LF"流程中的 LF 工艺

广东韶钢第三炼钢厂有2座120t顶底复吹转炉，2座900t混铁炉，2座120t LF，一台5机5流方坯连铸机，2台板坯连铸机。韶钢120t LF 基本工艺特征如下：

（1）120t LF 精炼工艺流程。钢包加渣料（转炉出钢过程中）→钢水吊至LF炉坐包位→开始底吹氩→测温、取样（测渣厚）→下电极→预加热（包括加渣料）→提电极→测温、取样→下电极→主加热→提电极→加合金→吹氩搅拌均匀化→测温、定氧、取样→钢包开至喂丝工位→喂丝→软吹氩→钢包吊往连铸。

（2）出钢挡渣和加预熔渣。提高转炉的挡渣效果，减少进入钢包的转炉终渣量，在出钢过程中加入预熔型精炼渣6kg/t左右，利用出钢及底吹确保其出钢完毕时全部熔化。

（3）脱氧。转炉出钢过程主要采用由 CaC_2（基体）、SiC 和 Fe-Si 按一定比例混合而成的 Ca-Si-C 复合脱氧剂和铝块脱氧。LF 炉精炼过程的脱氧主要采用铝粒和 Ca-Si-C 结合的方式，使精炼渣中的 $(w(FeO) + w(MnO))$ 很快达到小于 1.0% 的水平。

（4）吹氩工艺。针对精炼过程不同阶段，采用不同的吹氩搅拌功率。加热、加合金后及测温定氧取样前的混匀、脱硫、软吹的搅拌流量分别是 $20m^3/h$、$30m^3/h$、$50m^3/h$、$5 \sim 10m^3/h$。

（5）造渣工艺。综合考虑脱硫、埋弧加热、钢包耐材成本等因素，采用与 Al 脱氧钢对应的 $CaO\text{-}Al_2O_3\text{-}SiO_2\text{-}MgO$ 渣系。除在出钢过程加预熔渣外，在进入精炼炉加热工位后，分批加入 5kg/t 左右的石灰，在造渣过程中加适量的萤石，保证钢渣良好的流动性以利脱硫。在 LF 精炼中，采用 Ca-Si-C 复合脱氧剂、铝粒扩散脱氧，快速降低渣中的氧含量，将精炼渣变为脱氧良好的白渣。韶钢熔渣成分为 52% CaO，14% SiO_2，15% Al_2O_3，$(w(FeO) + w(MnO)) < 1\%$，渣碱度为 3.5 左右，脱硫率较高。

（6）喂丝。钢液出站前喂硅钙线，对钢中夹杂进行变性处理，喂硅钙线后保证吹氩时间大于 10min，有利于夹杂物从钢液中上浮。

（7）精炼效果。起弧时间快，未超过 3min，埋弧效果好，熔化速度快；脱硫效果显著，脱硫率可达 50%~70%，最低硫可以脱至 0.010% 以下的水平；LF 精炼过程增气较少，LF 炉处理增氮量一般小于 5×10^{-6}；LF 炉采取白渣精炼，使得钢中全氧含量较低，氧化物夹杂减少，LF 炉精炼结束钢中全氧量可控制在 $(2 \sim 5) \times 10^{-5}$。

8.3.2.3 "电炉 + LF" 中的 LF 工艺

广东珠江钢铁公司的 "电炉 + 薄板坯连铸连轧生产线" 有 1 座 150t 德国 Fuchs 竖式电炉，1 座 150t LF，1 条薄板坯 CSP（Compact Strip Production）连铸连轧生产线。150t LF 基本工艺流程如下：

电炉出钢后、吊至 LF 炉精炼工位、接通氩气→精炼炉盖下降、观察钢液搅拌情况→大气量吹氩（如不正常使用事故吹氩枪）→测温、定氧、取样→送电提温、加一批渣料脱氧、脱硫→调铝至 0.030%→测温、确定钢水温度是否达 1600℃→停电、取渣样、根据炉渣颜色确定是否加入第二批渣料和脱氧剂→测温、保持钢水温度（1600 ±5）℃→加合金调碳、锰、硅、铝成分→取样→调渣脱硫→软吹氩、调温→喂线钙处理→取样、确定是否补钙线→测温→提升电极和炉盖→钢包吊往连铸平台。精炼过程中，各操作及温度变化如图 8-4 所示。

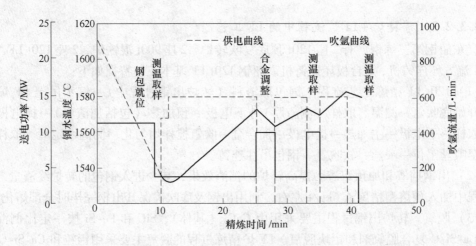

图 8-4 CAS 操作工艺流程及时间分配

（1）脱氧。根据钢液氧含量和出钢正常下渣量，确定初步脱氧工艺，不同的钢种采用不同的脱氧剂。根据综合出钢时钢中的溶解氧［O］、渣中的 FeO、LF 精炼过程的吹氩搅拌、钢液中的［Al］$_s$ 以及顶渣，制定合理的铝镇静钢精炼脱氧工艺。铝镇静钢精炼用的脱氧剂主要有铝粒、铝线以及含 CaC$_2$ 的复合脱氧剂。由于精炼过程钢液脱氧良好，溶解氧可达 10^{-5} 以下。

（2）脱硫。目前精炼脱硫工艺有喷粉（金属粉或钠系复合渣）脱硫法、白渣脱硫法等，最简单的是白渣脱硫法，即利用钢-渣界面反应和渣系脱硫。脱硫效果受渣温、渣成分与碱度、$w(FeO + MnO)_{\%}$、搅拌能量、渣量等因素的影响。

在合适的出钢下渣量、出钢脱氧工艺和渣系的条件下，通过控制合适的搅拌能量，在 45min 的精炼时间内可使精炼过程 L$_S$ 高达 500，脱硫率高达 70% 以上。对脱硫而言，搅拌能必须在 1000W/m^3 范围内，才能保证钢-渣有足够的接触，使钢中的硫能传输到钢渣界面。

（3）钢中的氮和氢的控制。LF 精炼过程中，要注意避免钢液裸露增氮，同时采用大功率加热并且配有泡沫渣，使钢液迅速升温，加热时间与泡沫渣持续时间相当，泡沫渣包围弧光，不仅可以有效地提高电能利用率，减少对炉衬的辐射，而且有利于防止钢液吸氮。

（4）合金化。精炼钢液脱氧彻底后所取得的第一个分析样结果出来后，开始进行最终合金调整。氧化性强的元素像硼、钛、钙等应达到终点温度不需再加热后才加入。合金收得率主要受钢-渣氧化程度的影响。

8.3.2.4　LF 主要技术经济指标

LF 钢包炉所用的主要原材料、动力介质消耗见表 8-2，主要技术经济指标见表 8-3。

表 8-2　LF 钢包炉主要原材料和动力介质吨钢消耗表

序号	项目	单位	数值	序号	项目	单位	数值
1	石灰	kg	5.0	8	测温电偶	个/炉	3.0
2	萤石	kg	0.5	9	铝	kg	0.4
3	电极消耗	kg	0.4	10	氩气	m^3	0.15
4	耐火材料	kg	8.0	11	压缩空气	m^3	0.5
5	增碳剂	kg	0.27	12	电	kW·h	35
6	钙丝	kg	0.6	13	水	m^3	2.0
7	铁合金	kg	5.0				

表 8-3　LF 钢包炉主要技术经济指标表

序号	指标名称	单位	指标	序号	指标名称	单位	指标
1	钢包炉容量	t	50	6	年生产天数	d/a	350
2	平均处理量	t	50	7	年有效作业天数	d/a	305
3	平均处理周期	min	36～40	8	年处理量	t	457500
4	日最大处理炉数	炉/天	30	9	劳动定员	人	14
5	日平均产量	t/d	1500				

8.3.3 真空循环脱气法（RH 法）

8.3.3.1 RH 法的工作原理及特点

RH 法是一种用于生产优质钢的钢水二次精炼工艺。该方法由具有两根吸入和排出钢液的浸渍管的真空室和排气装置构成。在进行真空处理时，把真空室两根浸渍管插入钢液中，从真空室排出，钢液从两根浸渍管上升到压差高度（约 1.48m）。这时在上升管下部三分之一处吹入驱动气体氩气。在氩气泡的带动下，上升管中的钢水随氩气泡上升进入真空室，而后在重力作用下经下降管流回钢包。如图 8-5 所示。

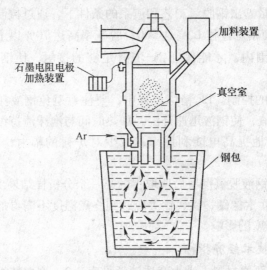

图 8-5 RH 法示意图

RH 处理速度快，完成一次完整的处理约需 15min，其中 10min 真空处理，5min 合金化及混匀。如果设置了电加热装置，在脱气过程中，RH 还可进行电加热，因此钢液温降较小。RH 适用于大批量的钢液脱气处理，操作灵活，运转可靠，适用范围广，与超高功率大型电弧炉相配套，形成了大批量生产特殊钢的工艺体系。

8.3.3.2 RH 法的基本操作工艺

RH 操作的基本过程如图 8-6 所示。

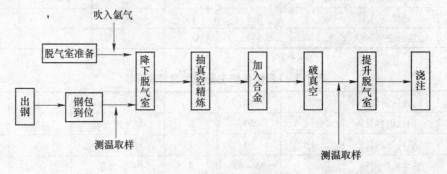

图 8-6 RH 操作过程简图

以下是某厂处理容量为 100t 的旋转升降式 RH 装置，蒸汽喷射泵的排气能力为 300kg/h

并带有两级启动泵设备的操作实例。

（1）脱气操作过程：将氩气量调到 100L/min，将脱气室转到钢包上方，旋转过程中测温、取样，然后插入环流管到钢液内（深度至少 150~200mm）。启动四级喷射泵和二级启动泵，接通所有测量仪表，记录；当真空度约为 26.67kPa 时，一接到信号，即可启动三级泵，并注意蒸汽压力，如果压力允许，可启动一级启动泵；在约 2.00Pa 时，打开废气测量装置；达 6.67kPa 时，关闭一、二级启动泵；将氩气量调到 150L/min，当废气量小于 200kg/h 时，逐渐减小氩气量，然后打开二级启动泵，在此前必须关掉废气测定仪，并把氩气量降至 80~100L/min，在启动二级泵同时，应注意电视中情况，当达到 0.67kPa 时，再把废气测定仪打开，如果废气量超过 250kg/h，必须重新停止二级泵；在 266~400Pa 时，打开一级泵，并注意蒸汽压力；当废气量继续下降时，可将氩气量升到 150L/min、200L/min、250L/min，在启动一级喷射泵后，对脱气装置充分抽气，在远距离控制板上的指示读数应显示出合适的各种压力、气体流量和温度读数。

（2）控制钢液脱气过程：通过电视装置观察钢液的循环状态。当大约达到 6000~3333Pa 时，随着插入深度的不同，钢液逐渐到达脱气室底部，进入上升管的时间比进入下降管的时间稍微早一些。在 2666~1333Pa 时，钢液的循环流动方向就十分明显了。

通过电视装置，观察钢液的脱氧程度及喷溅高度。

分析废气以了解钢液的脱氧程度和脱气程度（也有些厂家靠分析废气来确定钢中碳含量，以决定加入合金和 RH 处理的终了时间）。

调节氩气流量以控制钢液循环量、喷射高度及脱气强度。

1）合金的加入。加料时间的选择，一般要求在处理结束前 6min 加完。

2）取样、测温。取样、测温除在脱气开始之前进行一次外，以后每隔 10min 测温、取样一次，接近终了时，间隔 5min 取样一次，处理完毕时，再进行测温取样。

3）脱气结束过程。打开通气阀，停止计时器，关闭 1 至 4 级喷射泵，停止供氩并关闭氩气瓶；关闭冷却水；关断供电视装置用的风机，断开电视装置及记录仪表；如果 1h 内不再进行脱气时，即将合金漏斗移走，继续进行预热。

4）将钢包吊至连铸车间进行浇注。

8.3.3.3 RH 法的效果

（1）脱氢。真空循环脱气法的脱氢效果明显，脱氧钢可脱氢约 65%，未脱氧钢可脱氧 70%。处理后钢中的氢含量都降到 2×10^{-6} 以下。如果延长处理时间，氢含量还可以进一步降低到 1×10^{-6} 以下。统计操作记录后发现，最终氢含量近似地与处理时间成直线关系。

（2）脱氮。与其他各种真空脱气法一样，RH 法的脱氮效果不明显。当原始氮含量较低时，如 $w[N]<4\times10^{-5}$，处理前后氮含量几乎没有变化。当氮含量大于 1×10^{-4} 时，脱氮率一般只有 10%~20%。

（3）脱氧。循环处理时，碳有一定的脱氧作用，特别是当原始氧含量较高，如处理未脱氧的钢，这种作用就更明显。实测发现，处理过程中脱碳量和脱氧量之比约为 3:4，这表明钢中溶解氧的脱除，主要是依靠真空下碳的脱气作用。

用 RH 法处理未脱氧的超低碳钢，氧含量可由 $(2~5)\times10^{-4}$ 降到 $(0.8~3)\times10^{-4}$。处理各种含碳量的镇静钢，氧含量可由 $(0.6~2.5)\times10^{-4}$ 降到 $(0.2~0.4)\times10^{-4}$。从获得最

低的终点氧含量出发，还是以脱氧钢为优。

（4）脱碳。RH 具有很强的脱碳能力，采取一定的措施后，可以在较短的时间内（20min）脱碳至 0.2×10^{-4} 以下。

（5）钢的质量。钢液经处理后由于钢中氢、氧、氮及非金属夹杂物的减少，使钢的纵向和横向力学性能均匀，提高延伸率、断面收缩率和冲击韧性，钢的加工性能和机械性能显著改善。真空循环脱气法处理的钢种范围很广，包括锻造用钢、高强钢、各种碳素和合金结构钢、轴承钢、工具钢、不锈钢、电工钢、深冲钢等各种高附加值产品。

8.4　精炼车间各岗位职责

精炼车间操作岗位主要是：炉长、炉前工、主控工等。

（1）炉长。炉长负责本组人员的日常管理工作；负责带领本组人员学习并执行车间的各项管理制度；负责执行车间工作操作规程；负责组织本组成员对当班生产情况进行分析总结；带领本组人员学习作业标准并严格执行作业标准与各钢种冶炼要求，为连铸提供温度、质量合适的钢水。

（2）炉前工。炉前工应严格按照作业标准进行吹氩、造渣、取样等操作；服从炉长指挥，完成各项具体工作；负责合金渣料及大包覆盖剂的加入；负责喂丝机的操作；负责炉前各种工具的准备与管理工作；协助处理各类常见事故。

（3）主控工。主控工应熟练掌握操作室电脑的人机接口画面和操作台上的控制开关，并严格按技术操作规程进行操作；认真记录原始数据；熟练掌握各个品种的技术操作规程，对品种进行控制，确保品种计划的完成；熟练掌握各类常见事故的预防和处理方法；协助炉长搞好本班的各项管理工作。

8.5　典型钢种的精炼实例

8.5.1　IF 钢冶炼

IF 钢（Interstitial Free Steel 无间隙原子钢，也称为微合金化超深冲钢）是一种超低碳（0.005% ~ 0.01%），具有优良的深冲、塑性应变比，高应变硬化指数、伸长率和时效性等性能的无间隙原子纯净铁素体钢。IF 钢主要用作汽车冲压用钢，也可用于船舶和家电行业。它是附加价值较高的钢材之一，国外许多钢厂和宝钢、武钢等钢厂已规模化生产。

（1）IF 钢的精炼冶炼工艺。IF 钢的一般生产工艺流程为："铁水预处理 + 转炉 + RH 真空脱气 + 连铸"。生产过程的每一个环节，都将影响钢材的最终性能。IF 特点是碳低、氮低、磷硫低，因此冶炼的关键是脱碳和降氮，控制钢纯净度及微合金化。

（2）RH 精炼操作工艺。首先采用大泵抽真空，迅速达到预定真空度（1 ~ 2kPa），在短时间内将 RH 真空室内的 CO 气体排出，大大促进真空室内 C-O 反应速度。而进入脱碳后期，要进一步降低真空度（0.1kPa）以降低 p_{CO} 分压，加强钢液循环等措施保证后期脱碳。

然后加铝脱氧，要求铝和其他合金一次配加成功，确保纯脱气处理时间大于 10min。

严禁投入冷却剂,严禁 OB 升温。处理过程中尽可能增大吹氩流量,以有效促进夹杂物的集聚与上浮。

RH 脱碳结束时合理的钢水含氧量应小于 0.025%。

一般情况下,钢液在 RH 中精炼到 14 ~ 16min 时,加入脱氧剂铝粒和合金元素;在精炼到 18 ~ 20min 时加入 Fe-Ti 合金以形成氮、碳化合物。有时还需加入 Fe-Mn 合金调整锰含量,加入废钢调整钢液温度。随着炉衬镁铬砖的侵蚀,铬在钢液中的含量将有所增加。随着加入 Fe-Ti 合金,也会增加铬的含量。虽然镍、硫含量在真空处理时变化不大,但铜含量将会因 Fe-Ti 合金和铝带入而增加。

(3) RH 脱碳技术。一般认为在 RH 真空处理脱碳前期,钢中氧量保持在 $(3 ~ 4) \times 10^{-4}$,才能保证 RH 真空条件下碳脱氧反应顺利进行。在 RH 真空处理脱碳后期,若进一步脱碳,钢中氧含量起着决定性的作用。因此,本钢在 RH 前期真空碳脱氧时,采取转炉出钢时"留氧"操作。在 RH 后期,根据钢中 [O] 含量,适时适当向钢中吹入一定量的氧气。生产实践表明,每吹 $50m^3/h$ 氧气,可使钢中氧量增加 2×10^{-4}。由此计算出当 $p_{CO} = 0.1kPa$ 时,与钢中 [O] 平衡的碳量可减少 2×10^{-6}。

因此为满足钢种和多炉连浇的要求,提高 RH 脱碳速率、缩短脱碳时间是关键。为此:

1) 采用"硬脱碳"模式:在脱碳初期、真空室压力快速下降,加速脱碳。

2) 采用"强制脱碳"模式:在脱碳时,向钢中吹入大量的氧气以增加反应面积,提高反应速度。

3) RH 脱碳后期通过 OB 喷嘴的环缝吹入较大量的氩气,以增加反应面积,提高反应速度。

4) 消除真空槽冷钢:根据观察,真空槽冷钢对脱碳速率,特别是对 RH 脱碳终点碳含量有重要的影响。要求冶炼超低碳钢之前,采用氧枪管切割冷钢和低碳高温钢水洗槽工艺。

据生产统计,RH 在 20min 的脱碳时间内,碳含量可降至 3×10^{-5} 内;在 25min 内,可将碳降至 2×10^{-5} 左右,最低可降至 1.5×10^{-5}。

8.5.2 石油管线钢冶炼

管线钢主要用于石油、天然气的输送,可分为高寒、高硫地区和海底铺设三类。要求具有良好的力学性能(高屈服强度、高韧性和高焊接性能)、耐低温性能、耐腐蚀性、抗海水和 HSSCC(钢中由氢脆导致的晶间裂纹腐蚀指标)性能等。其中难点和重点是高韧性。因此,对于管线钢,要求钢中杂质含量很低,特别是硫、磷含量的降低,是高韧性管线钢不可缺少的前提条件。

目前管线钢的生产可采用转炉或电炉流程,国内基本采用转炉流程进行生产,即铁水预处理 + 转炉 + 炉外精炼 + 连铸或模铸。不同钢厂根据实际情况选择的具体流程不同:

宝钢:铁水脱硫(TDS)→顶吹转炉(LD)吹炼→顶渣→RH→喷粉(KIP)→连铸。

武钢:铁水脱硫→转炉顶底复合吹炼→吹 Ar→RH→连铸。

本钢:铁水脱硫→复吹转炉吹炼→钢包精炼(LF-IR)→板坯连铸。

宝钢 RH 处理过程真空度不大于 1kPa,脱气时间不小于 18min,纯脱气时间不小于

15min，以保证钢中夹杂物充分上浮，去除氧、氮气体。针对铌、钒、钛、锰等元素的合金要求，进行合金化微调，确保元素成分控制在规定的范围内。根据钢包中钢水硫含量的高低，采用 CaO 和 CaF_2 混合剂进一步降低钢中硫含量，确保成品钢水 S 含量不大于 0.003%；喷吹 Ca-Si 粉，对钢水进行钙处理，保证夹杂物球化。

8.5.3　不锈钢冶炼

根据不锈钢冶炼过程"初炼炉初炼-精炼炉脱碳精炼"的工艺流程中，初炼及精炼炉处理中所使用精炼设备的个数，分为一步法、二步法和三步法。

（1）一步法。一步法是指在一座电弧炉内完成废钢熔化、脱碳、还原和精炼等工序，将炉料一步冶炼成不锈钢的方法。由于一步法对原料要求苛刻、冶炼周期长，作业率低、熔池温度高导致炉衬寿命短，所以目前用电弧炉单炼的一步法已被逐步淘汰。

（2）二步法。将 VOD、AOD、CLU、RH-OB、RH-KTB、MRP-L 及 K-OBM-S 等精炼设备的任何一种与电炉或转炉相配合，就形成了不锈钢的二步法生产工艺。目前世界上约 88% 的不锈钢采用二步法生产，最常采用的工艺为 "EAF + AOD" 和 "EAF + VOD"，其中又以前者居多，前者适用于大型不锈钢专业厂，而后者适用于小规模多品种兼容的不锈钢生产厂。

（3）三步法。三步法是在二步法的基础上增加深脱碳处理设备，即"初炼炉 + AOD + 真空吹氧精炼炉（如 VOD、RH-OB、RH-KTB 等）"。初炼炉熔化、初炼，AOD "去碳保铬"，真空吹氧精炼炉进一步脱碳、脱气和成分微调。若需进行后续的温度调整以与连铸匹配，可加入 LF 而形成 "EAF + AOD + VOD + LF"、"EAF + MRP-L + VOD + LF" 工艺，仍为三步法。三步法比较适合于氩气供应比较短缺的地区，以及采用含碳量较高的铁水作为原料，且生产低碳、低氮不锈钢比例较大的专业厂采用。

AOD 脱碳过程：在转炉顶部吹氧的同时，AOD 吹氧气和惰性气体（氮气或氩气）的混合气体。当碳含量达到临界点时，逐步降低氧气流量，增大惰性气体的流量，氧气和惰性气体的比例从 9:1 降至 1:1。开始吹炼时，顶枪吹氧量与底枪吹氧量之比约为 2:1。当钢水中碳含量降到 0.6% 时，减少氧气吹入量，并增加惰性气体吹入量。当碳含量降到 0.3% 时，停止顶枪吹氧，以避免铬被大量氧化。并进一步降低氧气流量，增大惰性气体流量，直到将碳脱到 0.25%。当碳含量达到目标要求，停止吹氧，开始进入还原期。

AOD 还原期的任务是将吹炼过程中被氧化到渣中的铬和锰还原到钢液中。先将炉底侧部封口的氮气切换为氩气，通过料仓将还原渣料（石灰、CaF_2、Al 和 Fe-Si）加入 AOD，炉渣碱度控制在 1.5~1.8。加大炉底风口氩气的吹入强度，使熔池形成较好的动力学条件，加速和充分还原，同时可以达到良好的脱硫效果。强烈搅拌约 8min，铬和锰将被从渣中还原出来，钢水温度也会降低到约 1680℃。倒掉部分炉渣并测温、取样，将钢水和部分炉渣一起混出至炉下的钢水罐内，通过渣钢混冲进一步还原渣中的氧化铬。吊包到扒渣站将钢包中的炉渣全部扒除。

如钢种对氮气含量有严格要求，炉底侧部风口稀释气体应采用氩气，如没有特别要求，可采用氮气代替氩气在脱碳前期或全程作为稀释气体，以降低氩气的消耗。

经扒渣后的钢水，由精炼跨吊至真空罐内进行 VOD 处理。VOD 处理的任务是深脱碳、还原、脱硫、去除夹杂物、成分和温度调整。首先接上吹氩管，测钢包净空，测温、取样，盖上真空盖抽真空。抽真空到压力低于20kPa时，加渣料造渣。当压力低于5kPa时，通过真空下钢液中自然碳氧反应，在钢液中产生大量一氧化碳气泡，并借助强吹氩搅拌，将钢液中氮气脱去，脱氮时间约10min。然后进行真空吹氧脱碳精炼，碳含量达到目标成分时，进一步降低真空度，使真空室内压力达到0.1kPa以下，借助于高真空，在高真空下进行钢液中溶解的碳和氧的反应。随后加入还原剂的渣料，进行还原操作。然后破真空，并在盖上常压盖情况下进行常压下钢水成分和温度的调整，使钢水成分和温度满足连铸的需要，然后运至连铸钢水罐回转台浇铸。

复习思考题

8-1 简述LF的操作工艺流程及其所能完成的冶炼任务。

8-2 简述RH的操作工艺流程及其所能完成的冶炼任务。

8-3 超低碳钢在精炼环节应完成的冶炼任务有哪些，如何实现？

8-4 石油管线钢在精炼环节应完成的冶炼任务有哪些，如何实现？

8-5 不锈钢在精炼环节应完成的冶炼任务有哪些，如何实现？

9 连续铸钢实习

连续铸钢（简称连铸）是使成分和温度符合要求的钢水由中间包经水口连续地注入水冷结晶器，凝固坯壳形成后，从结晶器下方出口连续拉出带液芯的铸坯，经喷水（或水-雾）继续冷却，全部凝固后切割成定尺长度的生产工艺，生产出的钢坯进入轧制工序。与传统的模铸相比，连铸技术具有大幅提高金属收得率、改善铸坯质量、降低能耗等显著优势。

9.1 实习内容

9.1.1 实习知识点

（1）连铸设备：

1）钢包大小和形状、钢包的耐火材料及寿命、滑动水口的结构、功能及操作、钢包回转台的作用及结构；中间包的吨位大小与工作液面高度、中间包的结构特点与内型尺寸、中间包的耐火材料及寿命、浸入式水口结构特点、尺寸与材质、中间包烘烤设备、温度及时间要求、中间包车的行走、升降、水口微调等的操作。

2）结晶器材质、结构形式与尺寸、结晶器在线调宽操作、结晶器振动装置的结构、振动方式与振动频率；引锭杆的作用、结构、存放与引入方式、铸坯输送与清理设备。

3）二冷区冷却方式、喷嘴的结构及布置；二冷区长度及分段；二冷室的密闭方式；矫直方式及矫直装置结构；定尺长度及控制方式、火焰切割使用的燃料及助燃剂、切割机的行走装置，切割枪装置。

（2）连铸工艺：

1）各钢种浇铸温度的确定和依据，掌握钢水的调温操作、一炉钢水从出钢到浇铸完毕钢包和中间包内钢水温度的变化曲线、各钢种拉速的确定及控制方式。

2）无氧化浇铸的装置及使用效果、保护渣的种类，物化性能及各钢种的使用情况；一次冷却水量及水温控制、二冷段水量的分配和计算机控制、各钢种的冷却强度、铸坯的表面温度变化和出坯温度。

3）连铸机的操作工艺参数：拉速、铸坯断面形状大小、冷却水用量、冷却强度、振幅、振频、铸坯切割定尺长度等；多炉连浇时冶炼和连铸时间上的配合，掌握各阶段钢水温度控制方法。

4）连铸过程中常见事故及事故原因，并提出防止事故发生应采取的措施。

（3）连铸坯质量与缺陷。生产中铸坯存在的主要缺陷、特征、危害、形成原因及防止措施；在改善铸坯质量方面所采取的措施和新技术。

（4）连铸生产组织与管理。连铸生产在炼钢厂的地位和作用、生产报表的填报与项目、生产成本构成和计算以及连铸生产的考核指标。

9.1.2 实习重点

（1）掌握连续铸钢生产的工艺流程。
（2）掌握连铸机结构及主要设备的功能和原理。
（3）掌握连铸生产从开浇到停浇一个浇次的操作过程。
（4）掌握影响连铸坯质量的关键工艺参数的调控。
（5）掌握连铸中控室的控制界面及主要功能。

9.2 连 铸 概 述

连铸是钢铁生产的首要核心技术，2014 年我国粗钢产量约 8.2 亿吨，重点钢铁企业连铸比为 99.71%。"高效连铸技术"形成了一系列具有国际竞争力的国产化关键装备和工艺技术，并已向国内多家企业推广，有力地推动了行业连铸技术进步、企业节能降耗和劳动生产率的提高。

9.2.1 连铸工艺流程

连铸是钢水处于运动状态下，采取强制冷却的措施连续生产铸坯的过程。从炼钢炉出来的钢液注入钢包内，经二次精炼处理后运到连铸机上方，钢液通过钢包底部的水口注入中间包内，中间包再由水口将钢水分配到下口由引锭杆头封堵的水冷结晶器内。在结晶器内，钢液沿其周边逐渐冷凝成坯壳。当结晶器下端出口处坯壳有一定厚度时，同时启动拉坯机和结晶器振动装置，使带有液芯的铸坯进入由若干夹辊组成的弧形导向段。铸坯在此一边下行，一边经受二次冷却区中许多按一定规律布置的喷嘴喷出雾化水的强制冷却，继续凝固。在引锭杆出拉坯矫直机后，将其与铸坯脱开。待铸坯被矫直且完全凝固后，由切割装置将其切成定尺铸坯，最后由出坯装置将定尺铸坯运到指定地点。随着钢液的不断注入，铸坯不断向下伸长并被切割运走，形成了连续浇注的全过程。连铸工艺流程如图 9-1 所示。

9.2.2 连铸机型

一台连铸机主要是由钢包回转台、中间包、中间包车、结晶器、结晶器振动装置、二次冷却装置、拉坯矫直机、引锭装置、切割装置和铸坯运出装置等部分组成。连铸机型直接影响连铸坯的质量，每种连铸机具有独自的工艺及设备结构特点，能在一定的范围内满足钢种和断面尺寸要求。

连铸机按结构外形可分为立式、立弯式、弧形、椭圆形、水平式等，如图 9-2 所示。按浇铸的断面尺寸和形状可分为板坯（宽厚比大于 3）、小方（圆）坯（浇铸断面边长或直径小于 200mm）、大方（圆）坯（浇铸断面边长或直径大于 200mm）、异型坯和薄板坯（铸坯厚度 50~100mm）连铸机。按连铸机共用一包钢水所能浇铸的铸坯流数可分为单流、双流或多流连铸机。对于可同时浇铸板坯和多流方坯的连铸机称作方、板坯复合连铸机（简称复合式连铸机）。有时也在铸机前冠以"特殊"或"不锈钢"等字样，以示与普通钢连铸机的区别。

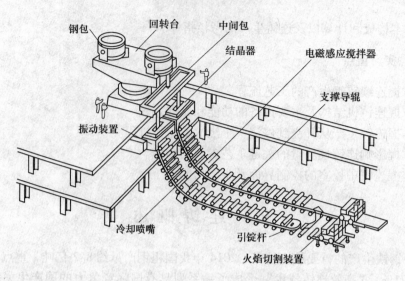

图 9-1   连铸工艺流程示意图

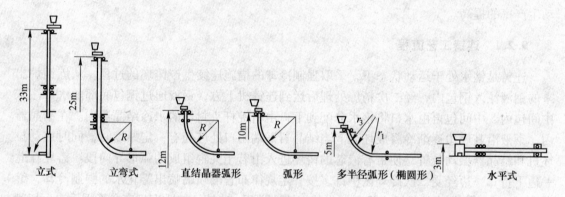

图 9-2   连铸机机型示意图

9.3   连铸钢水的准备

9.3.1   大包及大包回转台

钢包（又称盛钢桶、钢水包、大包），用于盛装、运载钢水并进行浇注，同时也是钢液炉外精炼的容器。钢包由外壳、内衬和注流控制机构三部分组成，如图 9-3 所示。通常在钢包底部一侧设置一个水口，并根据需要设置 1~2 个用于吹氩的透气口。钢包内衬一般由保温层、永久层和工作层组成。钢包使用前必须按规定经过充分烘烤。

钢液经吹氩调温或精炼处理后，将钢包送到中间包上方进行浇注。目前承托钢包的方式主要是大包回转台，在转臂上可同时承放两个钢包，一个浇注，另一个待浇。图 9-4 为双臂式蝶形大包回转台。浇注时大包及大包回转台的工作情况通过操作画面进行监控，如图 9-5 所示。大包回转台有称重功能，可连续记录大包重量变化，为防止大包下渣及时关闭滑动水口提供参考。

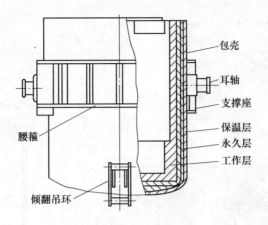

图 9-3　钢包结构

图 9-4　蝶形大包回转台

9.3.2　大包注流控制

大包通过滑动水口开闭调节钢液注流。滑动水口由上水口、上滑板、下滑板、下水口组成。上水口和上滑板固定，下滑板和下水口可水平移动，如图 9-6 所示。通过液压驱动或手动控制，使下滑板带动下水口移动，以调节上下注孔间的重合程度，从而控制注流大小。

长水口又称保护套管，用于保护大包与中间包之间注流不被二次氧化，同时也避免了注流的飞溅和敞开浇注的卷渣问题。长水口的安装主要是用杠杆固定装置，如图 9-7 所示。当大包注流引流正常以后，旋转长水口与大包下水口紧密连接，并接吹氩密封管对长水口接口氩封。目前长水口的材质有熔融石英质和铝碳质两种。

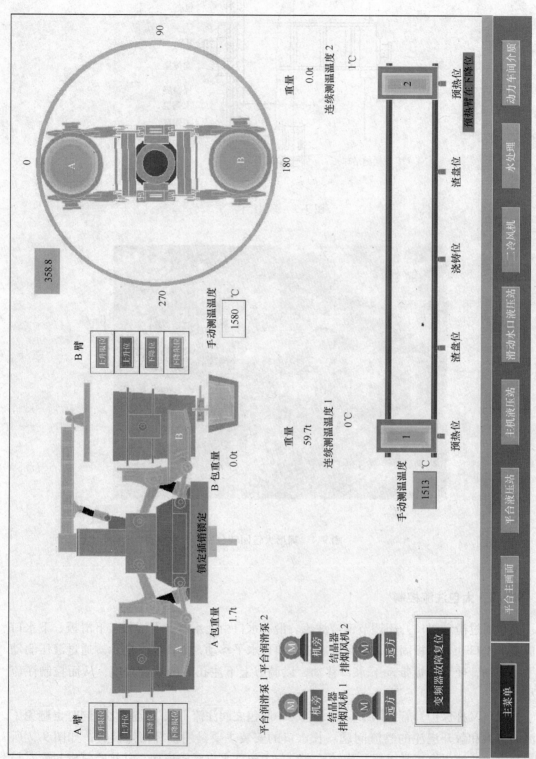

图 9-5　连铸大包及大包回转台监视画面

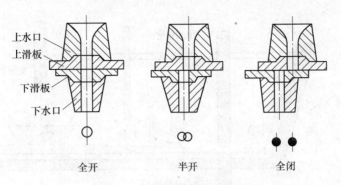

图 9-6　滑动水口控制原理图

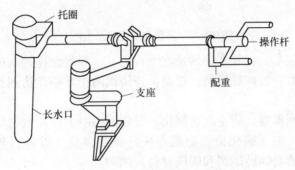

图 9-7　长水口的安装示意图

9.4　中　包　浇　注

9.4.1　中包及中包车

中间包（也称中包、中间罐），是位于大包与结晶器之间用于钢液浇注的过渡装置，即大包中的钢水先注入中包，再通过其水口装置注入结晶器。中间包的立体形状如图 9-8 所示，典型的内部设置形式如图 9-9 所示。它的外壳用钢板焊成，内衬砌有耐火材料，包的两侧有吊钩和耳轴，便于吊运；中间包内衬由绝热层、永久层和工作层组成。常见的中间包断面形状为三角形、矩形和 T 字形等。

图 9-8　中间包

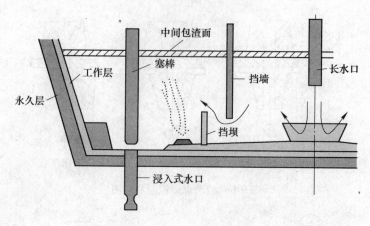

图 9-9　中间包内部设置示意图

中间包车也称中包车，设置在连铸浇注平台上，一般每台连铸机配备两台中包车，一备一用，一台浇注，另一台加热烘烤，提高了连铸机的作业率，达到快速更换中包、多炉连浇的目的。

大包和中包为达到保温、防止二次氧化、吸收钢水中上浮夹杂物等目的，需要使用钢水覆盖剂。主要有单一型（碳化稻壳和稻壳灰）和复合型（以硅石灰、电厂灰、高炉水渣等为基体，再配以适当的助熔剂和碳质材料）两种。

9.4.2　中包注流控制

铸坯断面较小时，中包采用定径水口控制流量，而板坯连铸或铸坯断面大于 140mm × 140mm 的方坯连铸多采用塞棒控制，通过控制塞棒的上下运动，调节水口的开启程度来控制钢水流量，对钢水质量变化适应能力强，并可采用浸入式水口保护渣浇注，防止钢水的二次氧化。板坯连铸机中间包水口的钢流控制，可采用塞棒或三层式滑动水口，异型坯连铸宜采用定径水口、半浸入式水口半敞开式浇注或浸入式水口保护浇注。大型异型坯宜采用双水口，小型异型坯宜采用单水口，也可采用敞开式浇注。

浸入式水口位于中包与结晶器之间，水口上端与中包相连，下端插入结晶器液面以下一定深度。目前，使用最多的浸入式水口有单孔直筒形和双侧孔式（侧孔向上倾斜、向下倾斜和水平状，如图 9-10 所示）两种。单孔直筒式一般仅用于小方坯、矩形坯或小板坯的浇注，侧孔向下倾斜式适用于浇注大方坯和板坯，侧孔向上倾斜式适用于浇注不锈钢。

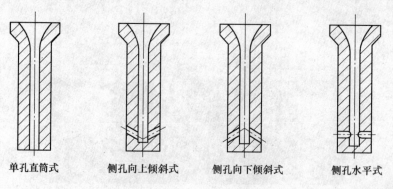

単孔直筒式　　　侧孔向上倾斜式　　　侧孔向下倾斜式　　　侧孔水平式

图 9-10　浸入式水口基本类型

9.5　结晶器一次冷却

结晶器是连铸机的核心部件，称为连铸设备的"心脏"。钢液在结晶器内冷却、初步凝固成型，且均匀形成具有一定厚度的坯壳。结晶器有管式结晶器和组合式结晶器两种。小方坯、圆坯及矩形坯多采用管式结晶器，而大方坯和板坯多采用组合式结晶器。薄板坯连铸机和高拉速常规板坯连铸机宜采用结晶器电磁控流技术。

浇注时采用润滑油或保护渣，达到润滑、去夹杂等目的，保护渣的加入量一般为0.3~0.5kg/t钢，液渣层厚度约10~15mm。为防止坯壳因为与结晶器黏结而被拉裂，结晶器设有振动装置，振动方式主要有正弦和非正弦两种。正弦振动具有高频率、小振幅、较大负滑脱量的特点，有利于减小振痕、增加保护渣消耗量，改善铸坯质量，而非正弦振动可以保证在高拉速连铸时有良好的润滑和最小摩擦力，促进了高速连铸的发展。

结晶器一般是水冷，称为一次冷却。小方坯结晶器是按结晶器周边长度供应冷却水，每毫米供水量参考值为2.0~2.5L/min，生产中一般为2.5~3.0L/(min·mm)。板坯结晶器的宽面与窄面分别供给冷却水，供水量为每毫米1.4L/min左右。结晶器冷却水流速为6~12m/s，压力须控制在0.4~0.6MPa，一般在0.5MPa左右。结晶器进出水温差一般不超过8℃为宜，出水温度控制在45~50℃。板坯第1流浇注控制主界面如图9-11所示，可实时监控大包和中包钢水重量、中包钢水温度、结晶器和二冷区冷却控制参数。结晶器冷却水控制情况如图9-12所示，可实时监控板坯结晶器窄面和宽面冷却水流量、压力和进出水温度等信息。

9.6　二　次　冷　却

通过二次冷却装置（又称为二次冷却段或二次冷却区，简称二冷区）对从结晶器出来的带有液芯的铸坯进一步冷却，以完成全部凝固的任务，称为二次冷却。

9.6.1　二次冷却装置的结构形式

二次冷却装置的结构形式分为箱式和房式两大类。箱式结构的所有支承导向部件和冷却水喷嘴系统都装在封闭的箱体内，便于把喷水冷却铸坯时所产生的大量蒸汽抽掉，以免影响操作。房式结构是在二冷区四周用钢板围成封闭的房室。目前新设计的连铸机均采用房式结构。

小方坯铸坯断面小，在出结晶器时已形成足够厚度的坯壳，一般情况下，不会发生变形现象。因此，其二次冷却装置大多非常简单，如图9-13所示，通常只在弧形段的上半部喷水冷却铸坯，下半段不喷水。在整个弧形段少设或不设夹辊。其支承导向装置是用来上引锭杆的。如罗可普小方坯连铸机，采用刚性引锭杆，二次冷却装置更可以简化。

大方坯铸坯较厚，出结晶器口后铸坯有可能发生鼓肚现象，其二次冷却装置分为两部分。上部四周均采用密排夹辊支承，喷水冷却；二冷区的下部铸坯坯壳强度足够时，可像小方坯连铸机下部那样不设夹辊。

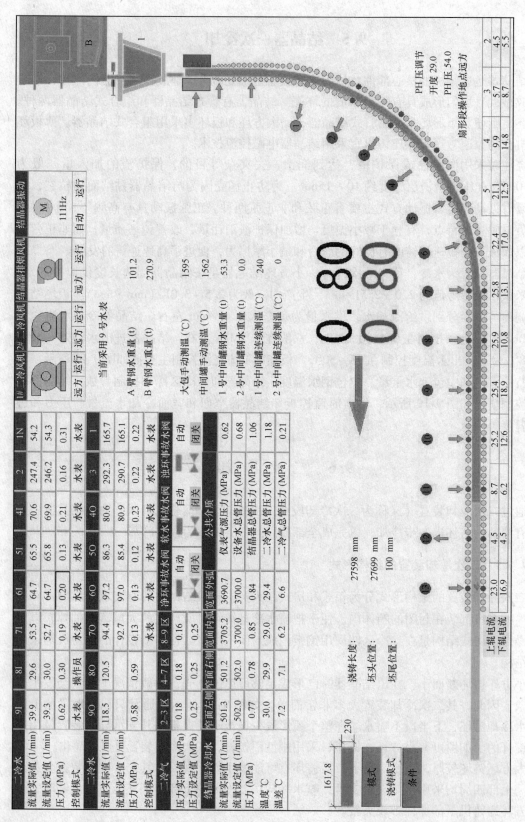

图 9-11 连铸板坯第 1 流浇注主界面

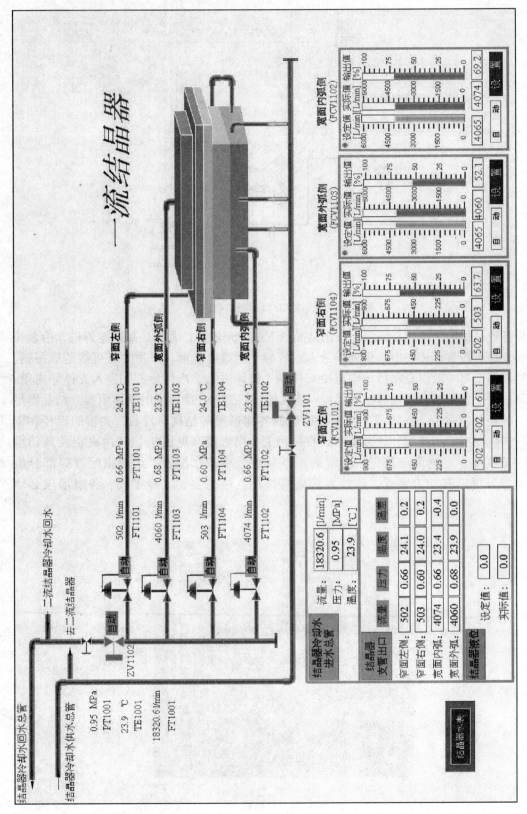

图 9-12 连铸板坯第 1 流结晶器冷却水监视

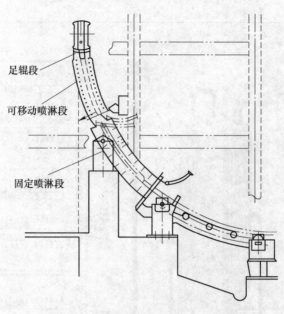

图 9-13　方坯铸机二次冷却区装置

　　板坯连铸机由于铸坯断面很大，出结晶器下口坯壳较薄，尤其是高速连铸机，冶金长度较长，直到矫直区铸坯中心仍处于液态，容易发生鼓肚变形，严重时有可能造成漏钢。所以结晶器下口一般设有密排足辊或冷却格栅。铸坯进入二冷区后首先进入支撑导向段。支撑导向段一般与结晶器及其振动装置安装在同一框架上，能够同时整体更换。结晶器足辊以下的辊子组称为二冷零段。从零段以后的各扇形段的结构、段数、夹辊的辊径和辊距，与铸机类型、所浇钢种和铸坯断面直接相关。扇形段（见图 9-14）由夹辊及其轴承座、上下框架、辊缝调节装置、夹辊的压下装置、冷却水配管、给油脂配管等部分组成。扇形段可以有动力装置，起拉坯和矫直作用。结晶器、二冷零段、各扇形段必须对中。

图 9-14　扇形段

板坯连铸机（含薄板坯连铸）及生产合金钢、高碳钢的连铸机，宜采用动态凝固模型及动态轻压下技术，对生产硅钢、不锈钢、合金钢和高碳钢等高质量钢种的板坯连铸机和方、圆坯连铸机，应根据需要在连铸机合适部位设置相应的电磁搅拌装置。

9.6.2 二冷区喷水系统

二次冷却有水喷雾冷却、气喷雾冷却和干式冷却 3 种方法。主要根据铸坯断面、形状和冷却部位的不同要求，选择喷嘴类型。

（1）压力喷嘴。压力喷嘴是利用冷却水本身的压力作为能量将水雾化成较大的水滴，平均直径为 $200 \sim 600 \mu m$，因而水的分配不太均匀，导致铸坯表面温度回升约 $150 \sim 200 ℃/m$。但结构简单、运行成本低。板坯连铸机常采用压力广角喷嘴，如图 9-15 所示。小方坯连铸机普遍采用压力喷嘴，其足辊部位多采用扁平喷嘴，喷淋段则采用实心圆锥形喷嘴，二冷区后段可用空心圆锥喷嘴。其喷嘴布置如图 9-16 所示。

二冷区单喷嘴系统

二冷区多喷嘴系统

图 9-15　板坯二冷区压力广角喷嘴

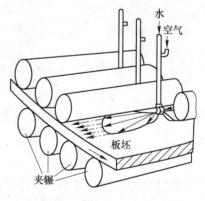

图 9-16　小方坯喷嘴布置图

（2）气-水雾化喷嘴。气-水雾化喷嘴是利用高压空气的能量将水雾化成极细小的水滴，直径小于 $50 \mu m$，水雾覆盖面积大，因而冷却效率高、冷却均匀，铸坯表面温度回升约 $50 \sim 80 ℃/m$，比压力喷嘴节水近 50%，喷嘴数量可以减少，但结构比较复杂。目前，在板坯、大方坯连铸机上均采用气-水雾化喷嘴。大方坯连铸机可用单孔气-水雾化喷嘴冷却，但必须用多喷嘴喷淋。板坯连铸机多采用双孔气-水雾化喷嘴单喷嘴布置如图 9-17 所示。

图 9-17　双孔气-水雾化喷嘴
单喷嘴布置

（3）干式冷却（干式浇注）。干式冷却是在二冷区不向铸坯表面喷水，而是依靠导辊（其中通水）间接冷却的一种弱冷方式。由于冷却能力差，导致浇注速度低，铸坯表面温度高，但比较均匀，适于浇注裂纹敏感钢种，铸坯表面质量好、温度高。现已成功应用于超低头板坯连铸机。

9.6.3 二次冷却控制

二次冷却控制是连铸坯凝固过程中的重要环节，二冷区的散热量占总散热量的 23% ～

120

28%，直接影响着铸坯质量和铸机生产率。二次冷却控制主要是确定冷却强度、选择二冷方式、分配二冷水量以及选择二冷控制方式等。

二冷强度与钢种、铸坯断面尺寸、铸机类型、拉坯速度等参数有关，通常波动在 0.5 ~ 1.5L/kg 之间。表9-1 列出不同钢种冷却强度的变化情况。

表9-1　不同钢种的冷却强度

钢　种	普通钢	中高碳钢、合金钢	裂纹敏感性强的钢（管线、低合金钢）	高速钢
冷却强度/L·kg⁻¹	1.0 ~ 1.2	0.6 ~ 0.8	0.4 ~ 0.6	0.1 ~ 0.3

目前我国连铸机多采用分段按比例递减给水方案，将二冷区分成若干段（小方坯分成 2 ~ 3 段，大方坯和板坯分成 5 ~ 9 段），各段给水系统独立，水量由上至下依次递减。图 9-18 为板坯连铸机二冷区分段供水示意图，图 9-19 为连铸板坯二冷水总管界面图，图 9-20为连铸板坯二冷水表监控图，图 9-21 为连铸板坯二冷水监视图。

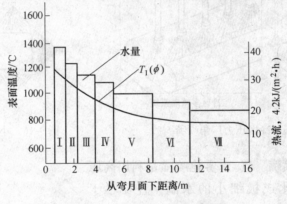

图9-18　二冷区分段供水示意图

9.7　引锭、拉矫、切割及出坯

9.7.1　引锭

引锭装置包括引锭头、引锭杆和引锭杆存放装置。引锭杆按进入结晶器的方式分为上装式和下装式，按结构可分为挠性引锭杆和刚性引锭杆。一般板坯、大方坯等多辊拉矫机采用挠性引锭杆，而小方坯连铸机使用刚性引锭杆。在开浇前，专用的驱动装置通过轨道将其送入拉辊，再由拉辊送入结晶器。

9.7.2　拉坯矫直

拉坯机也叫拉坯辊，早期连铸机的拉坯辊与矫直辊装在一起，称为拉坯矫直机，简称拉矫机。若铸坯通过一次矫直，称单点矫直，如小方坯弧形铸坯矫直，如图 9-22（a）所示。若通过两次以上的矫直称多点矫直，大断面铸坯应采用多点矫直，如图 9-22（b）所示。

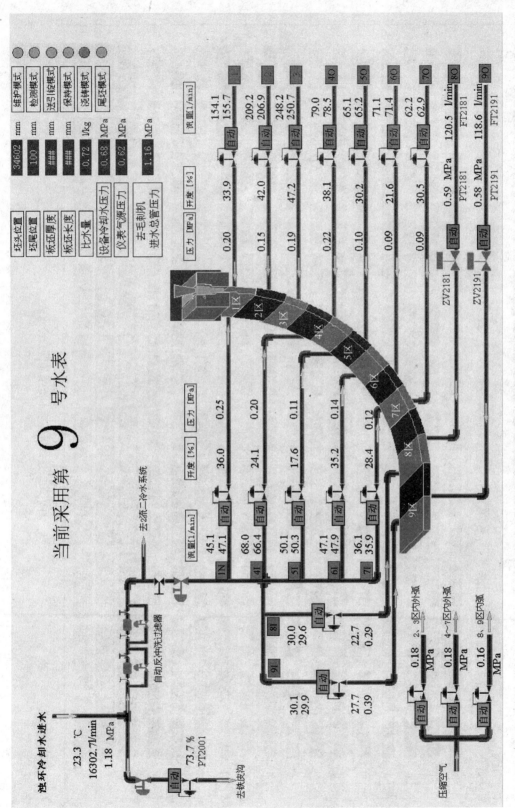

图 9-19 连铸板坯第 1 流结晶器二冷水总管界面

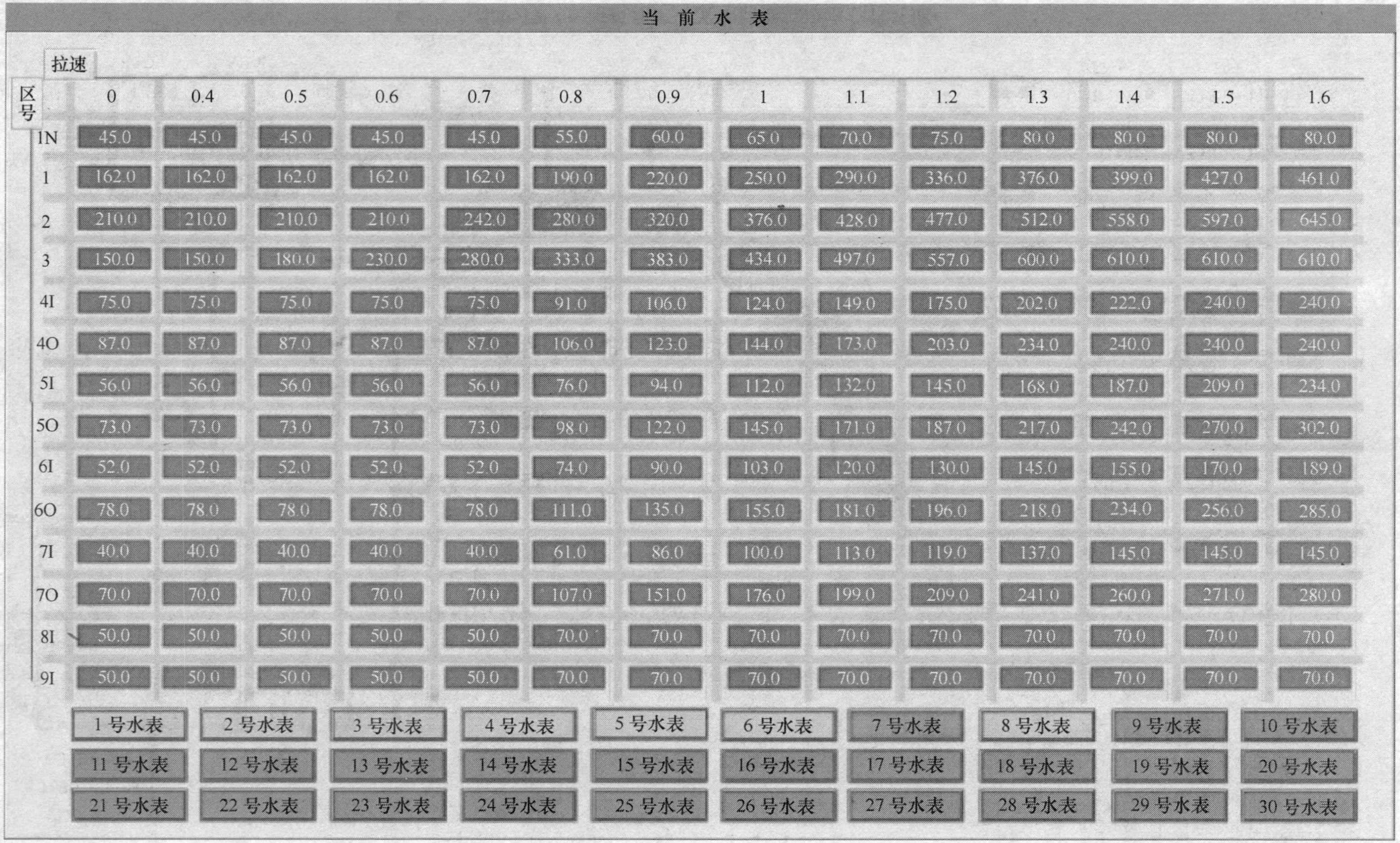

当 前 水 表

区号\拉速	0	0.4	0.5	0.6	0.7	0.8	0.9	1	1.1	1.2	1.3	1.4	1.5	1.6
IN	45.0	45.0	45.0	45.0	45.0	55.0	60.0	65.0	70.0	75.0	80.0	80.0	80.0	80.0
1	162.0	162.0	162.0	162.0	162.0	190.0	220.0	250.0	290.0	336.0	376.0	399.0	427.0	461.0
2	210.0	210.0	210.0	210.0	242.0	280.0	320.0	376.0	428.0	477.0	512.0	558.0	597.0	645.0
3	150.0	150.0	180.0	230.0	280.0	333.0	383.0	434.0	497.0	557.0	600.0	610.0	610.0	610.0
4I	75.0	75.0	75.0	75.0	75.0	91.0	106.0	124.0	149.0	175.0	202.0	222.0	240.0	240.0
4O	87.0	87.0	87.0	87.0	87.0	106.0	123.0	144.0	173.0	203.0	234.0	240.0	240.0	240.0
5I	56.0	56.0	56.0	56.0	56.0	76.0	94.0	112.0	132.0	145.0	168.0	187.0	209.0	234.0
5O	73.0	73.0	73.0	73.0	73.0	98.0	122.0	145.0	171.0	187.0	217.0	242.0	270.0	302.0
6I	52.0	52.0	52.0	52.0	52.0	74.0	90.0	103.0	120.0	130.0	145.0	155.0	170.0	189.0
6O	78.0	78.0	78.0	78.0	78.0	111.0	135.0	155.0	181.0	196.0	218.0	234.0	256.0	285.0
7I	40.0	40.0	40.0	40.0	40.0	61.0	86.0	100.0	113.0	119.0	137.0	145.0	145.0	145.0
7O	70.0	70.0	70.0	70.0	70.0	107.0	151.0	176.0	199.0	209.0	241.0	260.0	271.0	281.0
8I	50.0	50.0	50.0	50.0	50.0	70.0	70.0	70.0	70.0	70.0	70.0	70.0	70.0	70.0
9I	50.0	50.0	50.0	50.0	50.0	70.0	70.0	70.0	70.0	70.0	70.0	70.0	70.0	70.0

1号水表	2号水表	3号水表	4号水表	5号水表	6号水表	7号水表	8号水表	9号水表	10号水表
11号水表	12号水表	13号水表	14号水表	15号水表	16号水表	17号水表	18号水表	19号水表	20号水表
21号水表	22号水表	23号水表	24号水表	25号水表	26号水表	27号水表	28号水表	29号水表	30号水表

图9-20　连铸板坯第1流结晶器二冷水表

图 9-21　连铸板坯第 1 流结晶器二冷水监视

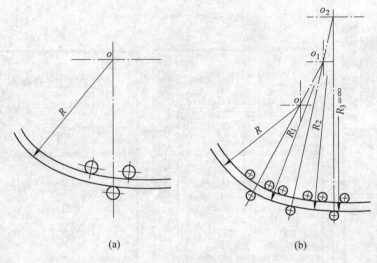

图 9-22　连铸坯矫直配辊方式
（a）一点矫直；（b）多点矫直（未画支撑辊）

9.7.3　铸坯切割

连铸坯需按照轧钢机的要求切割成定尺或倍尺长度，便于运输和存放。切割装置必须与铸坯同步运动，以实现在铸坯连续运行中进行切割。目前主要采用火焰切割。

火焰切割是用氧气和燃气产生的火焰来切割铸坯。燃气有乙炔、丙烷、天然气和焦炉煤气等，生产中多用煤气。切割不锈钢或某些高合金铸坯时，还需向火焰中喷入铁粉、铝粉或镁粉等材料，使之氧化形成高温以利切割。

火焰切割装置包括切割小车、切割定尺装置、切缝清理装置和切割专用辊道等。图9-23为板坯火焰切割。

板坯、圆坯、方坯和异型坯应采用火焰切割机切割，薄板坯宜采用机械剪剪切，圆坯用火焰切割机宜采用仿弧运行切割形式。

图 9-23　板坯火焰切割

9.7.4　铸坯输出

铸坯输出装置是把切成定尺的铸坯冷却、精整、出坯，以保证连铸机的连续生产。一般情况下，输出装置包括输送辊道、铸坯的横移装置、铸坯的冷却装置、铸坯表面清理装置、铸坯的吊具和打号机等。

9.8　连铸坯质量检查及处理

连铸坯常见缺陷分为三大类：内部缺陷、表面缺陷和形状缺陷。

表面缺陷主要包括：纵裂纹、横裂纹、星形裂纹、夹渣、气泡、双浇、翻皮、冷溅、振痕异常、擦伤等。

内部缺陷包括：内部裂纹、非金属夹杂、中心疏松、中心偏析等。

形状缺陷：菱变（俗称脱方）、鼓肚、凹陷、弯（扭）曲等。

9.8.1　表面缺陷的判断和处理

（1）振动痕迹。常规的振痕不会造成轧钢后钢材表面缺陷，所以不成为缺陷，但振痕深度通常大于 3mm，则会造成缺陷。振动缺陷可以用砂轮清理，稍大范围缺陷可用氧-乙炔火焰清理器清除。大面积缺陷可用火焰清理机或修磨机表面剥皮（整个铸坯面积）处理。

（2）表面裂纹。带有大面积的表面裂纹及数条宽度大于 0.5mm、长度大于 50mm 裂纹的铸坯应报废。少量表面裂纹或裂纹宽度小于 0.5mm，长度小于 50mm 的铸坯可以用氧-乙炔割炬处理。

（3）表面气孔。铸坯发现表面气孔，全面试皮检查。试皮要求每块板坯纵向、横向各不少于 2 条，每条宽度大于 100mm。方坯纵向不少于 1 条，横向不少于 2 条，每条宽度大于 50mm。试皮深度 1 ~ 5mm，试皮工具用氧-乙炔割炬。试皮后发现有大量表面气孔，铸坯应予报废。少量气孔（个别的）可以用砂轮或氧-乙炔割炬清理。

（4）表面夹渣。表面夹渣大多是个别的，可以用砂轮或氧-乙炔割炬清理。

（5）表面凹坑。表面有大量凹坑或凹坑深度大于 3mm 并伴有裂纹的铸坯应予报废。轻度凹坑可以清理，但清理后不能存在其他表面缺陷。

（6）断面切割缺陷。常见的断面切割缺陷有长短尺，垂直度切斜和宽度切斜。铸坯的定尺长度和切斜度超过铸坯允许的切割误差，铸坯切割长度大于要求的坯长，都必须用氧-乙炔割炬予以修正。铸坯切割长度短于要求的坯长，如不影响进轧钢加热炉，可以改判同钢种其他尺寸规格供轧材。如不能改判的作报废处理。

9.8.2　内部缺陷的判断和处理

（1）内部裂纹。裂纹数量较少（数根）、裂纹宽度小于发丝、长度小于 20mm 的铸坯可以送轧钢轧制，但质量要全面跟踪，严重内部裂纹的铸坯要报废。

（2）皮下气泡。皮下气泡的铸坯应报废。

（3）中心疏松。中心疏松的铸坯一般可以送轧钢，质量要跟踪。形成空点的中心疏松为严重疏松, 铸坯要报废。

（4）缩孔。铸坯中心有空洞则为中心缩孔缺陷。有缩孔的铸坯应予报废。

9.8.3 形状缺陷的判断和处理

（1）菱形变形（脱方）。该缺陷是方坯或矩形坯的常见缺陷。表现为铸坯断面形状非正方形或矩形, 而是菱形。凡脱方量（两条对角线差值与两条对角线平均值之比）大于3%, 则铸坯报废, 小于3%的脱方铸坯可以送轧钢。

（2）鼓肚。鼓肚缺陷表现为铸坯表面（宽边或窄边）中间凸出, 形成凸面的现象。有鼓肚变形的铸坯应详细检查铸坯断面和表面有否存在其他缺陷, 凡存在其他缺陷则按其他缺陷处理, 无其他缺陷则可送轧钢轧材。

根据各生产厂的钢材品种不同, 工艺设备装备的不同, 对铸坯表面质量要求也会不同, 因此, 处理的要求也不同。如生产钢管钢的铸坯内部就不允许存在任何裂纹、缩孔或疏松。允许局部清理的铸坯, 其可清理的最大深度、清理后的清理坑的深、宽、长比例都有严格规定。

9.9 连铸车间各岗位职责

连铸操作岗位主要是: 机长、浇钢工、主控室操作工、引锭操作工和切割工等。

（1）机长。机长是浇钢操作的负责人, 负责机组的生产、组织管理、设备维护使用以及安全、文明生产等工作。保证完成车间下达的生产任务和各项技术经济指标; 在生产中严格按操作规程要求指导生产; 注意钢液衔接、过程温度控制、开浇操作、换中间包操作及异钢种连浇等重要环节; 随时采取应急措施, 减少事故发生, 保证连铸正常生产; 对设备要认真检查和监护, 掌握本机组设备情况。

（2）浇钢工。浇钢工是浇钢操作的具体执行人员, 各组员分工完成下列工作。浇钢前检查本机组的设备情况, 准备好工器具和原材料; 在浇钢生产中严格按照操作规程要求执行各项操作; 事故状态下要配合机长排除故障; 认真检查和维护好设备, 发现设备故障立即报告机长; 做好文明生产, 保持现场清洁、整齐; 无条件服从机长的工作安排及操作指令。

（3）引锭操作工。引锭操作工负责掌握当班设备状况, 做好各项设备检查准备工作, 发现问题及时与有关人员联系, 确保正常生产; 在浇注生产中负责引锭操作台上各种操作元件的控制和监视; 执行送引锭、开浇脱锭及切头等操作; 生产中出现异常时, 及时与机长联系并采取相应措施。

（4）切割工。切割工负责掌握当班设备完好情况, 做好各项设备检查的准备工作, 发现问题及时与有关人员联系; 在浇注生产中负责切割操作台上各种操作元件的控制和监视; 切割操作时要严格按规定尺寸切割连铸坯; 生产中出现异常时立即与机长联系并采取措施加以解决。

（5）主控室操作工。主控室操作工负责主控室内各种信号、指示灯、仪表及按钮的检查、控制和监视; 向各有关岗位传达各项生产指令、过程温度及前道工序时间; 反馈连铸机设备、生产和事故情况; 浇注过程中注意按操作规程要求控制好冷却水及结晶器的振动参数；真实、准确、清晰地记载各种生产数据及情况。

9.10 典型钢种连铸实例

9.10.1 硬线钢连铸生产

武钢采用如下工艺流程生产 SWRH82B 硬线钢：铁水预处理→顶底复吹转炉→钢包精炼→VD 脱气→方坯连铸→高线轧制。五机五流全弧形连铸机，铸坯断面为 200mm × 200mm，弧半径 10m，配有结晶器和末端电磁搅拌。连铸工艺为：

（1）钢水过热度为 21℃、拉速为 1.1m/min。

（2）二冷工艺，比水量由 0.46L/kg 调整到 0.26L/kg，优化喷嘴选型，改善喷嘴喷雾效果，铸坯表面长度方向的最大冷却速度控制在 189.9℃/m 以下，最大温度回升速度不超过 10℃/m，平均表面温降为 32℃/m，铸坯等轴晶率由 35% 增加到 60% 左右。

（3）采用多孔浸入式水口，研究了 4 孔型和 5 孔型水口，在相同的工艺条件下，SWRH82B 铸坯平均碳偏析情况见表 9-2。

4 孔水口对降低铸坯碳偏析具有明显效果。铸坯总氧含量较直孔水口浇注时低，钢流冲击深度减少，有利于非金属夹杂的上浮。

表 9-2 多孔水口实际应用效果

水口结构	类别	碳偏析指数	过热度/℃	拉速/m·min^{-1}	中心疏松/级	缩孔/级	样本数
4 孔	最大	1.39	36	1.2	1.5	2	
	最小	1.00	11	0.95	0	0	428
	平均	1.084	23.14	1.101	0.482	0.5	
5 孔	最大	1.32	32	1.2	1.0	2.5	
	最小	1.00	17	1.0	0	0	473
	平均	1.105	21.84	1.108	0.404	0.219	

（4）开发轻压下技术，通过计算和测量，拉速为 1.0 ~ 1.3m/min 的情况下，固相率 $f_s = 0.5 ~ 0.9$ 的位置在 13 ~ 18m 左右，而其 4 对拉矫辊的位置分别在 13.42m、15.96m、18.46m 和 19.72m，具备利用拉矫机实施轻压下的条件。在拉速 1.1m/min 时，实施 1 号拉矫机压下 3mm，2 号拉矫机压下 2mm，SWRH82B 铸坯经轻压下后，70% 的铸坯平均碳偏析指数小于 1.1。

通过采用上述几项技术的集成，将 200mm × 200mm 高碳钢铸坯中心碳偏析指数控制在 1.06 以下。

9.10.2 重轨钢连铸生产

攀钢生产重轨钢的流程为：高炉→铁水预脱硫→转炉提钒→转炉初炼→LF 精炼→RH 真空脱气→大方坯连铸。铸坯断面为 280mm × 380mm 和 280mm × 325mm 两个断面，六机六流全弧形大方坯连铸机，弧半径 12m，45t 大容量中包及优化的挡墙和坝的设计，拉速 0.6 ~ 0.9m/min，配有结晶器液面自动控制、结晶器电磁搅拌、二冷气-水动态控制、凝固末端动态轻压下等先进技术。

连铸工艺控制的重点是恒温恒速浇注。连铸工艺参数见表9-3。

表9-3　攀钢钢轨钢连铸工艺参数控制

过热度/℃	拉速/m·min⁻¹	电磁搅拌电流/A	二冷比水量/L·kg⁻¹	轻压下/mm
25±7	0.6~0.9	250~500	0.25~0.35	0~5

结晶器电磁搅拌电流由250A增加到500A，中心等轴晶率由18.88%增加到36.24%；中心疏松全部控制1.5级以下，不大于1.0级的比例由33.3%增至87.5%；中心偏析1.5级以下，不大于1.0级的比例由66.7%增至95.8%；铸坯碳偏析由0.93~1.22改善为0.94~1.06。

采用轻压下技术后，中心疏松不大于1.0级的比例由26.3%增至74.6%；在过热度为31℃、拉速为0.7m/min、电磁搅拌电流为400A的情况下，铸坯横断面碳偏析指数由0.93~1.08改善为0.96~1.03；在过热度为26℃、拉速为0.68m/min、电磁搅拌电流为400A的情况下，铸坯中心碳偏析指数由1.12降至1.05。

采用二冷动态控制后，铸坯中心偏析不大于1.0级的比例由40.9%增至92.79%；中心疏松不大于1.0级的比例由28.41%增至79.28%；中心缩孔不大于0.5级的比例由93.18%增至96.40%；等轴晶率由24.4%增至31.6%。

通过上述几项技术的系统集成，使铸坯质量达到中心偏析不大于1.0级，中心疏松不大于1.0级，中心缩孔不大于0.5级，铸坯中心碳偏析指数小于1.05，钢轨内部质量和力学性能满足350km/h的技术条件。

9.10.3　轴承钢连铸生产

兴澄特钢滨江厂采用从德国引进的100t直流电弧炉→LF→VD真空脱气炉→五机五流大方坯连铸机→17架棒材连轧机工艺。铸机为全弧形，两点矫直，半径为12m/23m，铸坯断面300mm×300mm。采用全封闭无氧化保护浇注，结晶器液面自动控制，二冷气雾冷却自动调节水量，M+F-EMS复合式电磁搅拌，结晶器自动加保护渣，铸坯质量跟踪及尾坯优化技术等。铸坯可通过辊道直接热送至加热炉。

其连铸工艺的主要特点是：

（1）钢水成分的控制。对易偏析元素，如C、Mn等控制在中下限。

（2）低过热度浇注。过热度为15~25℃，全炉钢水浇注温降小于5℃。保证低过热度浇注。

（3）通过水力学模型优化中间包流场，设置合理的堰坝，使钢流温度均匀。

（4）采用M+F-EMS复合式电磁搅拌。M-EMS搅拌参数为$f=2Hz$，$I=350A$；F-EMS搅拌参数为$f=20Hz$，$I=400A$，采用水平交替搅拌的方式。

（5）采用四孔水口，优化结晶器内的热流分布，使四孔水口与结晶器壁成20°。钢流热点上移并旋转，加强与结晶器壁接触换热，减轻直筒水口中心区域温度过高的现象，降低柱状晶搭桥几率。

（6）采用低拉速、弱冷工艺，拉速为0.4~0.5m/min，比水量为0.2~0.25L/kg。

（7）用优质的夹辊材质，保持辊子良好的刚性，防止变形，勤查辊间距，防止鼓肚。

复习思考题

9-1 简述连续铸钢生产过程及主要设备。

9-2 连铸生产主要经济指标如何？

9-3 浸入式水口的作用是什么？水口对中和浸入深度对铸坯质量有何影响？

9-4 连铸操作中，为何要稳定结晶器液面？结晶器液面如何控制？

9-5 连铸生产中操作工如何控制、调整拉速？确定拉速的主要依据是什么？

9-6 洁净钢连铸相关的工艺措施有哪些？

10 轧钢厂实习

为了得到需要的形状，改善钢的内部质量，需要对铸坯进行轧制。轧钢方法按轧制温度可分为热轧与冷轧，按轧制时轧件与轧辊的相对运动关系可分为纵轧、横轧和斜轧，按轧制产品的成型特点可分为一般轧制和特殊轧制。轧制产品种类繁多，规格不一，有些产品是经过多次轧制才生产出来的。

10.1 实习内容

10.1.1 实习知识点

通过深入轧钢企业生产实习，使学生参与到生产岗位中去，熟悉具体生产工艺技术操作规程，虚心向现场学习、向生产工人学习，发现问题并力图分析与解决问题，培养学生的动手能力及岗位执行能力。具体知识点如下：

（1）原料准备工序。原料的种类、规格尺寸、特性和处理方法等；加热的目的及方法、燃料及其成分、加热炉的形式、构造和加热制度等；酸洗的目的、原理、连续酸洗机组的组成形式等。

（2）成型工序。各压力加工设备的结构形式，主要的组成部分，主电机数量、形式、性能；辅助设备的种类、结构形式、用途及性能；产品种类、尺寸规格、成型方式、工艺规程；产品生产过程中易出现的缺陷及产生原因和预防措施；产品生产工艺参数和控制系统，生产过程在线检测的设备形式、用途及性能。

（3）精整工序。各种精整设备的名称、用途、工作原理、结构形式及性能；产品的冷却、剪切、矫直、热处理和包装处理方式、操作制度与产品质量的关系；产品的质量检查及缺陷处理方法。

10.1.2 实习重点

（1）掌握轧钢厂的原料种类、加热方式、轧机类型及数量、冷却手段和精整工序；
（2）掌握轧材原料和成品的质量判定标准及轧制变形中的质量控制手段。

10.2 轧材产品概述

常见的轧材产品有板材、带材、管材、型材、棒材及线材等，如图10-1所示。
（1）板材与带材：断面形状为矩形，通过平辊轧制，以单张或者成卷的方式交货。
（2）管材：断面形状为圆环，通过斜辊轧机轧制，以单根和定尺方式交货。
（3）型材：断面形状为异形，通过孔型轧机轧制，以单根和定尺方式交货。

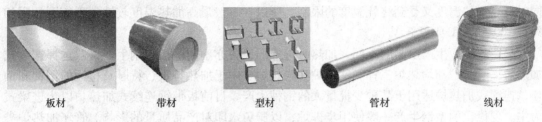

板材　　　　带材　　　　型材　　　　管材　　　　线材

图 10-1　典型轧材产品

（4）棒材与线材：断面形状为圆形，通过孔型轧机轧制，以单根和定尺方式交货。

10.3　原料及准备

常见的轧材原料包括模铸坯和连铸坯，目前以连铸坯为主。连铸坯按形状主要分为连铸板坯（生产板带材）、连铸方坯（生产型材和棒线材）、连铸管坯（生产管材）等。

（1）原料厚度的选择：应该具有合理的压缩比，保证性能，改善表面，提高效率。一般用途的轧材压缩比取 6~8 以上，重要用途的轧材压缩比取 8~10 以上。

（2）原料长度的选择：取决于加热炉膛的宽度，轧材所需要的倍次长度和重量。

轧材原料表面及表层可能存在各种缺陷，原料加热之前需要进行清理，以免把缺陷带入轧制产品中去。原料缺陷的清理方式主要包括火焰清理、风铲清理、砂轮清理、机械清理及酸洗等手段。原料缺陷分为外部缺陷和内部缺陷。

外部缺陷的主要形式有：

（1）结疤：呈星舌状，块状或鱼鳞状不规则地分布在钢坯表面。

（2）耳子：钢坯表面上平行于轧制方向的条状突出部分。

（3）表面裂纹：包括网状裂纹、横裂纹、纵裂纹和发纹等。

（4）断面形状不规则：连铸坯较多出现的有角部不充满，呈塌角现象，或钢坯绕轴向扭转出现脱方。

内部缺陷的主要形式有：

（1）非金属夹杂：一般呈点状、块状和条状分布、大小与形状无规则、多见于钢坯端部。

（2）缩孔：钢坯在浇铸过程中，由于浇铸温度过高，浇铸速度过快，导致钢水在由下而上、由边缘向中心的凝固过程中，收缩的体积得不到补充而在中心处产生一段不规则的孔穴。

（3）皮下气泡：由于沸腾钢沸腾不良，钢液中的气体来不及排出，被已凝固的钢坯包住形成皮下气泡。

10.4　原　料　加　热

加热的目的是提高钢的塑性，降低变形抗力，均匀内部温度，改善内部组织，使碳化物溶解和非金属相扩散，利于轧制。对不同成分和规格的钢种加热的最高温度是不同的。最高加热温度是根据温度对金属塑性的影响以及可能出现的过热、过烧等缺陷来确定的，同时最高加热温度又受到终轧温度的限制。所以，一般最高加热温度较铁碳平衡图的固相线低 100~150℃ 或更低。

根据轧钢厂生产产品的不同，加热时选择的设备亦不同。板带钢生产一般选择连续式加热炉、室状炉和均热炉三种。室状炉和均热炉多用于加热特重、特厚及特短的钢锭和钢坯，连续式加热炉适用于品种少批量大的钢种生产，目前板带钢连续式加热炉以步进梁式为主。现代化的型钢生产一般使用步进炉，以避免水印对产品质量的影响。管坯加热炉类型有环形炉、步进炉、斜底炉和感应炉等，现代热轧无缝钢管机组大多采用环形加热炉。

加热常见缺陷包括：

（1）氧化：富裕的氧气与铁原子发生反应，造成铁损。

（2）过热：加热时晶粒过快长大，但在晶界上并未发生能使晶界弱化的某些变化，称为过热。过热现象可以在后续的工序中弥补。

（3）过烧：如果加热温度继续升高，不仅奥氏体晶粒已经长大，而且在奥氏体晶界上也已发生了某些能使晶界弱化的变化，称为过烧。过烧现象在后续的工序中无法弥补。

（4）脱碳：钢加热时表面碳含量降低的现象。

（5）温度不均：加热不均导致的缺陷。

10.5　粗　　轧

轧制的任务是轧制出性能和尺寸都符合要求的成品轧材。根据钢板产品类型的不同，又分为中厚板轧制和薄带热连轧制工艺。

（1）中厚板粗轧的任务是将板坯或扁钢锭展宽到钢板所需的宽度，并进行大压下延伸，使其尽快轧至钢板精轧前的厚度。中厚板粗轧机的类型主要有二辊轧机和四辊轧机，以四辊粗轧机为主要的轧机形式。中厚板轧机的布置主要有单机架和双机架两种形式。粗轧阶段有以下几种轧制方法：

1）全纵轧法。钢板延伸方向与原料（坯、锭）纵轴方向相一致的轧制方法。

2）全横轧法。钢板延伸方向与原料纵轴方向相垂直的轧制方法。

3）综合轧制法。将横轧、纵轧组合进行的轧制方法，以满足对不同产品尺寸的要求。

（2）热连轧制在粗轧阶段的宽度控制不但不用宽展，反而是采用立辊对轧件宽度进行压缩控制，以调整板坯宽度和提高除鳞的效果。热连轧机的类型主要有二辊轧机和四辊轧机，以四辊轧机为热连轧机的主要形式。粗轧阶段的轧机布置形式有以下几种：

1）全连续式。轧件在粗轧阶段自始至终无逆向轧制的道次。

2）半连续式。轧件在粗轧阶段至少有一架可逆式轧制，带钢在粗轧区内采用可逆式轧制，进行多道次压下，在粗轧机组不形成连轧。

3）3/4 连续式。轧件在粗轧阶段部分轧机采用可逆式轧制，而在最后的两架粗轧机内形成连轧。

10.6　精　　轧

（1）中厚板的精轧任务是钢板的延伸和质量控制，包括厚度、板形、性能及表面质量的控制，为提供合格的产品作保证。中厚板精轧机以四辊轧机为主要类型。

（2）热连轧薄带坯在进入精轧机之前，首先要进行测温、测厚和测宽，接着用飞剪切去带坯头部和尾部。切头的目的是为了去除温度过低的头部，避免损伤辊面，切尾的目的是防止低温带尾给卷取后的精整工序带来困难。热连轧薄带精轧机以四辊轧机或六辊轧机为主，精轧机座的数量取决于带坯在精轧机组的总压缩率和最大延伸系数，一般精轧机组有 6~8 个机座，以 7 个机座为主要形式。热连轧薄带精轧机组的主要辅助设备包括：

1）飞剪。切去带钢的头部和尾部。

2）高压水除鳞。去除带钢中间工序产生的氧化铁皮。

3）活套支持器。调节精轧机架间的连轧常数、缓冲金属流量和保持恒定小张力。

4）层流冷却。将精轧后的带钢冷却到卷取温度，并调整内部组织改善力学性能。

5）卷取机。将精轧后的带钢卷取成一个个卷，便于后续的处理和存放。

10.7　轧制产品质量控制

轧制生产中的产品由于生产操作、工艺参数控制、来料质量、轧机设备故障等因素可能造成产品的质量缺陷，常见的缺陷分为：

（1）尺寸偏差。轧制的最终成品尺寸不符合产品标准要求，需要改判或降级。这是由于轧机压下调整不到位，轧机的弹跳计算不准确，或由于型钢、轧管孔型设计本身错误、轧件宽展变形判断不准确等造成。尺寸偏差不仅影响轧材的使用性能，而且关系到节约金属，需要在生产中重点控制。

（2）形状缺陷。具体表现为轧件断面形状如脱方、脱圆、断面凸度、轧件纵向弯曲、瓢曲、扭曲等。轧件断面形状脱方、脱圆是由于孔型设计、轧辊调整不良等原因造成；板带钢断面凸度是由于轧辊凸度，轧辊弹性弯曲等因素造成；轧件纵向弯曲、瓢曲、扭曲等缺陷是由于轧件宽度方向上压下不均造成宽度方向金属流动的差异性及冷却不均匀等因素造成。无论轧材是直接使用还是为了便于后道工序的生产，都要求有良好的断面形状。

（3）表面质量缺陷。轧制的最终成品表面出现气泡、结疤、拉裂、刮伤、折叠、夹杂和氧化铁皮压入等缺陷，需要修磨处理或降级。这是由于加热制度不合理，轧制前氧化铁皮未去除干净，轧制时表面异物压入和轧件温度不均、材质不均等因素造成。轧材的表面质量直接影响到产品的使用性能、寿命及其美观、并且板带材又是单位体积下表面积最大的一种钢材，必须保证板带材的表面质量。

（4）性能不合格。轧制的最终成品的力学性能、工艺性能、化学性能和某些轧材的特殊性能不满足产品标准要求，需要改判或降级。这是由于原料的成分不满足要求，加热制度设定不良，轧制过程中开轧温度和终轧温度过高、道次分配及压下量不合理和冷却过程中的温度控制不利等因素造成。轧材作为结构材及装饰材对其综合性能的要求非常严格，生产过程中必须按照标准组织生产，并不断提高生产技术水平以满足用户对产品性能的更高要求。

10.8　生产实例

　　某 5000mm 中厚板车间由板坯接收跨、板坯跨、加热炉区、主轧跨、主电室、磨辊间、冷床跨、剪切跨、中转跨、热处理跨、涂镀跨以及末端成品跨等组成。生产工艺流程框图如图 10-2 所示，工厂平面布置图如图 10-3 所示。该工厂设计年产量 180 万吨/年，其中常规轧制钢板约占 50%（90 万吨/年），控制轧制钢板约占 30%（54 万吨/年），热处理钢板约占 20%（36 万吨/年）。控制轧制包括控温轧制、控制轧制（TMCP）、控制轧制 + 控制冷却（TMCP + ACC）三种轧制工艺生产的产品，热处理包括正火、调质及回火等处理工艺生产的产品。

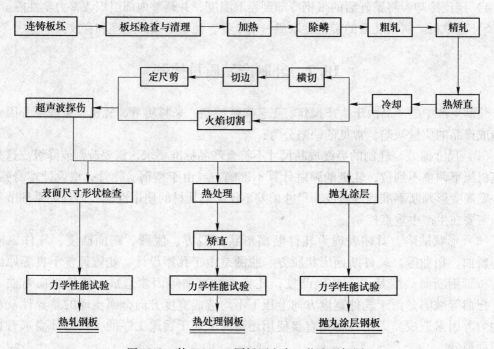

图 10-2　某 5000mm 厚板厂生产工艺流程框图

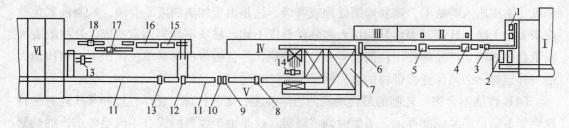

图 10-3　某 5000mm 厚板厂生产工艺平面布置图

Ⅰ—板坯场；Ⅱ—主电室；Ⅲ—轧辊间；Ⅳ—轧钢跨；Ⅴ—精整跨；Ⅵ—成品库

1—室状炉；2—连续式炉；3—高压水除鳞；4—粗轧机；5—精轧机；6—热矫机；

7—冷床；8—切头剪；9—双边剪；10—纵剪；11—堆垛机；12—端剪；13—超声波探伤；

14—压力矫直机；15—淬火机；16—热处理炉；17—涂装机；18—喷丸机

产品品种：碳素结构钢板、低合金结构钢板、建筑结构钢板、耐大气腐蚀钢板、桥梁钢板、造船钢板、管线钢板、锅炉钢板、压力容器钢板、机械工程用钢板等。

产品规格：$(5 \sim 150)$ mm $\times (900 \sim 4800)$ mm $\times 25000$ mm，最大单重45t，

所用坯料类型和尺寸：连铸板坯$(220 \sim 300)$ mm $\times (1300 \sim 2300)$ mm $\times (1500 \sim 4800)$ mm，初轧板坯$(120 \sim 500)$ mm $\times (1300 \sim 1550)$ mm $\times (1500 \sim 4800)$ mm。

该厂主轧制线的年有效工作时间约为7000h，有效作业率为87.2%，二次切割线的年有效工作时间约为7500h，有效作业率为91.4%。能源介质的吨钢消耗量电力85kW·h/t，工业水1.36m³/t，焦炉煤气1.5GJ/t，蒸汽3.6kg/t，压缩空气34Nm³/t。材料吨钢消耗量液压油0.13 kg/t，润滑油0.10 kg/t，润滑脂0.15 kg/t，喷印涂料0.12 kg/t，轧辊0.4 kg/t。

为实施板坯的热送热装工艺，厚板连铸机与中厚板轧机毗邻布置，生产线共设两座步进式加热炉，采用双排装料，步进式加热炉内宽10.7m，有效长度51.9m，采用高焦炉混合煤气。板坯出炉后，经高压水除鳞装置除鳞，然后采用大力矩、高刚性、高轧制速度的粗精轧机轧制，以实现低温控轧工艺。钢板经轧制后送入热矫直机及步进式冷床进行矫直和控冷。该轧机的高精度轧制技术包括：厚度控制技术、平面形状控制技术、板形控制技术等。

复习思考题

10-1 简述轧钢厂用坯断面形状、品种、规格、来源及运输情况。

10-2 简述热轧中厚板的生产工艺流程。

10-3 加热的缺陷有哪些，如何防止？

10-4 原料进炉前表面处理的目的是什么，表面处理的方法有哪些？

10-5 轧机的形式及布置方式如何？

参 考 文 献

[1] 王艺慈. 炼铁原料 [M]. 北京: 化学工业出版社, 2008.

[2] 刘竹林. 炼铁原料 [M]. 北京: 化学工业出版社, 2007.

[3] 徐海芳. 烧结矿生产 [M]. 北京: 化学工业出版社, 2013.

[4] 贾艳, 李文兴. 铁矿粉烧结生产 [M]. 北京: 冶金工业出版社, 2006.

[5] 肖扬, 翁得明. 烧结生产技术 [M]. 北京: 冶金工业出版社, 2013.

[6] 薛俊虎. 烧结生产技能知识问答 [M]. 北京: 冶金工业出版社, 2003.

[7] 刘悦祥. 烧结矿与球团矿生产 [M]. 北京: 冶金工业出版社, 2006.

[8] 栾颖. 烧结系统工艺分析 [J]. 现代冶金, 2010, 38 (2): 29~30.

[9] 农之建, 杨美玲, 黄鸿, MAC 矿烧结性能试验研究 [J]. 柳钢科技, 2005, 1: 11~13.

[10] 吕晓云, 武征鹏, 蒋杉, 等. 烧结过程在线质量控制系统的优化 [J]. 钢铁, 2010, 45 (6): 17~40.

[11] 龙红明. 铁矿石烧结过程热状态模型的研究与应用 [D]. 长沙: 中南大学, 2007.

[12] 王代军. 首钢京唐大型烧结成功应用与烧结生产实践 [J]. 中国冶金, 2014, 24 (2): 30~35.

[13] 李文武. 2×500m² 烧结机的设计特点及生产实践 [J]. 中国冶金, 2012, 22 (4): 30~34.

[14] 王洪江, 安钢, 王全乐, 等. 首钢京唐 1 号烧结机 800mm 厚料层烧结生产实践 [J]. 烧结球团, 2010, 35 (3): 47~50.

[15] 蒋大军, 杜斯宏, 何木光, 等. 攀钢 360m² 烧结机达产技术攻关与效果 [J]. 矿业工程, 2011, 9 (3): 46~49.

[16] 肖均, 何木光, 李程, 等. 攀钢 360m² 烧结机工艺、设计特点及生产实践 [J]. 四川冶金, 2010, 32 (3): 35~38.

[17] 杨启峰. 攀钢 360m² 烧结机工程设计特点 [J]. 四川冶金, 2011, 33 (3): 8~11.

[18] 段建国. 400m² 烧结机布料装置改造 [J]. 矿山机械, 2009, 37 (8): 70~71.

[19] 吕涛, 肖滕州, 张丽君. 烧结混合料水分控制的实现 [J]. 矿冶工程, 2008, 28: 214~216.

[20] 中国冶金建设协会主编. 烧结厂设计规范 GB 50408—2007 [M]. 北京: 中国计划出版社, 2007.

[21] 康兴东. 金属化球团技术现状 [J]. 金属矿山, 2009, 400 (10): 12~20.

[22] 徐景海, 冯俊小, 张永明, 等. 首钢矿业公司链算机-回转窑热工测试与分析 [J]. 钢铁, 2009, 44 (03): 91~92.

[23] 中国冶金建设协会主编. 铁矿球团工程设计规范 GB 50491—2009 [M]. 北京: 中国计划出版社, 2009.

[24] 王艺慈. 烧结球团 500 问 [M]. 北京: 化学工业出版社, 2009.

[25] 王悦祥. 烧结矿与球团矿生产 [M]. 北京: 冶金工业出版社, 2006.

[26] 张一敏. 球团矿生产技术 [M]. 北京: 冶金工业出版社, 2005.

[27] 张一敏. 球团理论与工艺 [M]. 北京: 冶金工业出版社, 1997.

[28] 张一敏. 球团矿生产知识问答 [M]. 北京: 冶金工业出版社, 2005.

[29] 王强, 罗朝罡. 影响球团造球工艺因素的分析 [M]. 新疆钢铁, 2000, 75 (3): 17~20.

[30] 亢立明, 刘曙光, 吕庆. 工艺参数对冀东磁铁精矿生球性能的影响 [J]. 材料与冶金学报, 2007, 6 (4): 252~254.

[31] 侯通. 铁精矿成球性能的基础研究 [D]. 长沙: 中南大学, 2010.

[32] 刘杨发, 龚方泉. 球团工艺及生产 [J]. 江西冶金, 1997, 17 (5): 5~7.

[33] 高宇宏. 链算机的结构简介 [J]. 机械工程与自动化, 2008, 147 (2): 109~110.

[34] 夏雷阁, 刘文旺, 黄文斌. 大型带式焙烧机在首钢京唐球团的应用 [A]. 2011 年度全国烧结球团技

术交流年会论文集［C］，2011，116～120.

［35］李国玮，夏雷阁，青格勒，等．京唐带式焙烧机原料方案及热工制度研究［J］.烧结球团，2011，36（2）：20～24.

［36］曾才兵，刘茂伟，李敬如．邯钢Ⅱ期球团降低工序能耗的实践［J］.烧结球团，2012，37（2）：53～57.

［37］东北工学院炼铁教研室．高炉炼铁（上中下册）［M］.北京：冶金工业出版社，1977.

［38］周传典．高炉炼铁生产技术手册［M］.北京：冶金工业出版社，2002.

［39］中国冶金建设协会．高炉炼铁工艺设计规范GB 50427—2008［M］.北京：中国计划出版社，2008.

［40］侯向东．高炉冶炼操作与控制［M］.北京：冶金工业出版社，2012.

［41］万新，高艳宏，袁晓丽．炼铁厂设计原理［M］.北京：冶金工业出版社，2009.

［42］万新，高艳宏，吴明全．炼铁设备及车间设计［M］.北京：冶金工业出版社，2007.

［43］范小钢，黄威钢．高炉轴流旋风除尘器技术及应用［J］.炼铁，2006，25（5）：17～21.

［44］范小刚．沙钢5800m³高炉供料系统工艺特点［J］.炼铁，2010，29（1）：27～28.

［45］巩元玲，翟华伟．高炉炉渣处理工艺的比较［J］.包钢科技，2009，35（2）：81～83.

［46］周强．武钢新建3200m³高炉采用的新技术［J］.炼铁，2004，23（4）：1～6.

［47］熊亚飞，舒文虎，董遵敏．武钢6号高炉炉渣高Al_2O_3的冶炼实践［J］.炼铁，2009，28（1）：17～21.

［48］陈树军，吕庆，张淑会．承钢2500m³高炉布袋除尘系统改进后的工作状态［J］.钢铁，2011，46（12）：20～23.

［49］李伟，朱建秋．承钢2500m³高炉热风炉工艺优化［J］.河北冶金，2012（10）：35～37.

［50］朱建秋．承钢2500m³高炉使用高风温技术的研究［J］.河北冶金，2013（10）：1～7.

［51］王立刚，张伟，高峰，等．承钢2500m³高炉新技术的应用［J］.炼铁，2009，28（6）：32～34.

［52］毕忠新，朱建秋．承钢新2500m³高炉操作优化实践［J］.河北冶金，2011（6）：15～18.

［53］毕婕，高斌，陈党杰．承钢4#高炉调整煤气流分布的实践［J］.河北冶金，2014（4）：25～29.

［54］高泽平．炼钢工艺学［M］.北京：冶金工业出版社，2006.

［55］王社斌，宋秀安，等．转炉炼钢生产技术［M］.北京：化学工业出版社，2008.

［56］储满生．钢铁冶金原燃料及辅助材料［M］.北京：冶金工业出版社，2010.

［57］田志国．转炉护炉实用技术［M］.北京：冶金工业出版社，2012.

［58］雷亚，杨治立，任正德，等．炼钢学［M］.北京：冶金工业出版社，2010.

［59］冯捷，张红文．转炉炼钢生产［M］.北京：冶金工业出版社，2011.

［60］王令福．炼钢厂设计原理［M］.北京：冶金工业出版社，2009.

［61］冯捷，贾艳．转炉炼钢实训［M］.北京：冶金工业出版社，2004.

［62］中国冶金建设协会．炼钢工艺设计规范GB 50439—2008［M］.北京：中国计划出版社，2008.

［63］李晶．钢铁是这样炼成的［M］.北京：北京理工大学出版社，2013.

［64］朱苗勇．现代冶金学（钢铁冶金卷）［M］.北京：冶金工业出版社，2005.

［65］于阳．转炉炼钢新工艺、新技术与质量控制实用手册［M］.北京：当代中国出版社，2011.

［66］刘燕霞，李建朝，张士宪．冶金技术认识实习指导［M］.北京：冶金工业出版社，2013.

［67］苏天森．转炉溅渣护炉技术［M］.北京：冶金工业出版社，1999.

［68］俞海明，秦军．现代电炉炼钢操作［M］.北京：冶金工业出版社，2009.

［69］沈才芳，孙社成，陈建斌．电弧炉炼钢工艺与设备［M］.北京：冶金工业出版社，2008.

［70］赵文广．电弧炉炼钢生产技术［M］.北京：化学工业出版社，2010.

［71］阎立懿．现代电炉炼钢工艺与装备［M］.北京：冶金工业出版社，2011.

［72］俞海明．转炉钢水的炉外精炼技术［M］.北京：冶金工业出版社，2011.

[73] 高泽平. 炉外精炼 [M]. 北京：冶金工业出版社，2005.

[74] 张士宪，赵晓萍. 冶金操作岗位培训丛书——炉外精炼工 [M]. 北京：化学工业出版社，2012.

[75] 高泽平，贺道中. 炉外精炼操作与控制 [M]. 北京：冶金工业出版社，2013.

[76] 冯捷，史学红. 连续铸钢生产 [M]. 北京：冶金工业出版社，2007.

[77] 蔡开科，程士富. 连续铸钢原理与工艺 [M]. 北京：冶金工业出版社，2008.

[78] 贺道中. 连续铸钢 [M]. 北京：冶金工业出版社，2013.

[79] 干勇. 现代连续铸钢实用手册 [M]. 北京：冶金工业出版社，2010.

[80] 赵沛. 炉外精炼及铁水预处理实用技术手册 [M]. 北京：化学工业出版社，2004.

[81] 中国冶金建设协会. 连铸工程设计规范 GB50580—2010 [M]. 北京：中国计划出版社，2010.

[82] 时彦林，贾艳，刘燕霞. 连续铸钢生产实训 [M]. 北京：化学工业出版社，2011.

[83] 杜长坤. 冶金工程概论 [M]. 北京：冶金工业出版社，2012.

[84] 王林，王宏丹，王松，等. 达钢中高碳硬线钢的开发与生产实践 [J]. 冶金标准化与质量，2014 (5)：54-57.

[85] 杨吉春. 连续铸钢生产技术 [M]. 北京：化学工业出版社，2010.

[86] 柳谋渊. 金属压力加工工艺学 [M]. 北京：冶金工业出版社，2008.

[87] 袁建路，张晓力. 黑色金属压力加工实训 [M]. 北京：冶金工业出版社，2004.

[88] 周家林. 材料成型设备 [M]. 北京：冶金工业出版社，2008.

[89] 阳辉. 金属压力加工实习与实训教程 [M]. 北京：冶金工业出版社，2011.

[90] 邹家祥. 轧钢机械 [M]. 3 版. 北京：冶金工业出版社，2000.

[91] 李胜利. 材料加工实验与测试技术 [M]. 北京：冶金工业出版社，2010.

[92] 王廷溥，齐克敏. 金属塑性加工学 [M]. 2 版. 北京：冶金工业出版社，2001.

[93] 刘天佑. 钢材质量检验 [M]. 2 版. 北京：冶金工业出版社，2007.

[94] 梁合敏，李军，曾才兵. 邯钢 II 期氧化球团生产线的设计特点及生产 [J]. 烧结球团，2010，35 (5)：4~8.

冶金工业出版社部分图书推荐

书　名	作　者	定价(元)
物理化学(第4版)	王淑兰	45.00
冶金物理化学研究方法(第4版)	王常珍	69.00
冶金与材料热力学	李文超	65.00
热工测量仪表(第2版)	张　华	46.00
冶金物理化学	张家芸	39.00
冶金宏观动力学基础	孟繁明	36.00
冶金原理	韩明荣	40.00
冶金传输原理	刘　坤	46.00
冶金传输原理习题集	刘忠锁	10.00
钢铁冶金原理(第4版)	黄希祜	82.00
耐火材料(第2版)	薛群虎	35.00
钢铁冶金原燃料及辅助材料	储满生	59.00
钢铁冶金学(炼铁部分)(第3版)	王筱留	60.00
炼铁工艺学	那树人	45.00
炼铁学	梁中渝	45.00
炼钢学	雷　亚	42.00
炼铁厂设计原理	万　新	38.00
炼钢厂设计原理	王令福	29.00
轧钢厂设计原理	阳　辉	46.00
热工实验原理和技术	邢桂菊	25.00
炉外精炼教程	高泽平	40.00
连续铸钢(第2版)	贺道中	30.00
复合矿与二次资源综合利用	孟繁明	36.00
冶金设备(第2版)	朱　云	56.00
冶金设备课程设计	朱　云	19.00
硬质合金生产原理和质量控制	周书助	39.00
金属压力加工概论(第3版)	李生智	32.00
轧钢加热炉课程设计实例	陈伟鹏	25.00
物理化学(第2版)	邓基芹	36.00
特色冶金资源非焦冶炼技术	储满生	70.00
冶金原理	卢宇飞	36.00
冶金技术概论	王庆义	28.00
炼铁技术	卢宇飞	29.00
高炉炼铁设备	王宏启	36.00
炼铁工艺及设备	郑金星	49.00